Social Quality Management

SQM

商業新思維

開發新產品、創立新事業的必勝心法

孫正義最重要左右手
三木雄信——著
楊毓瑩——譯

SQM思考　目次

前言——讓日本商務人士發揮優勢的思考法……013
我喜歡寫「孫正義」的理由 013
「沒有新的事業想法和計畫……」的問題 016
商機就藏在社會的「不合理．浪費．不均」當中！ 019
軟銀急速成長的最大理由 021

第1章 找出社會的「不合理、浪費、不均」！……025
——SQM的時代
社會處處充滿「不合理、浪費、不均」……027
——令人驚嘆「竟然還可以這樣！」 029
「不合理、浪費、不均」不只存在於公司中……032
——重點不是公司的需求，而是整體社會的需求 034

從「TQM」過渡至「SQM」 036
SQM＝消除「社會」浪費的機制 038
從「整體社會」來看透明塑膠傘？ 041
消費者的需求將從「持有的價值」轉換為「體驗的價值」……045
購買單位也將從「物品單位」變為「體驗單位」 046
選擇「不添置」房產的年輕人 048
你的公司不做，一定會有其他人搶著做……050
看著既有事業市占率變小很令人難受，但猶豫不決就會被「整盤端走」 052
讓SQM具體化的三種商業模式……054
①平台……055
平台的定義 056
平台具備的三種功能 059
專欄 規定？還是平台式企業？ 062

不光只有IT巨頭GAFA！還有一一嶄露頭角的小眾市場平台……064
平台帶來哪些經營上的變化 075
專欄 孫總裁在創業之初，就立志打造平台服務 084
②訂閱制服務……088
訂閱制服務有哪些條件才能「穩贏不輸」 090
眾所矚目的訂閱制服務 096
「餐飲業的訂閱制經營」所面臨的課題 105
訂閱制服務帶來哪些經營上的變化 109
③個人化服務（高附加價值化）……113
邁入「個人化服務」的時代 114
個人化將從「網路世界」升級至「真實世界」 116
不進行個人化，就無法滿足消費者的奢侈心態 120
利用SQM打造成功事業的「三個重點」……123

——單一手機APP，就能搭乘所有交通工具的服務　127
如何從「公司觀點」轉變為「使用者觀點」　130
——「假扮孫總裁」，切換思考模式　132

第2章 換成「孫總裁的腦袋來思考」！
——7個商業新常識

換成「孫總裁的腦袋來思考」！……135
在「低成長時代」中穩定成長的軟銀集團……137
思考開關① 舊常識：必須擁有自己的「人力、物力、資金」
新常識：先有點子，再運用社會中的「人力、物力、資金」……139
「Idea is King」是SQM時代的新常識　141
從「社會」調度「公司」缺乏的資源　142
專欄 不要放過自己需要的「人才」！孫總裁的獵才術　145

思考開關②
舊常識：萬萬不可貸款
新常識：貸款也是實力的一種……149
「錢會從天上掉下來」150

思考開關③
舊常識：絕對不能虧損
新常識：你應該追求的是LTV（Life Time Value，顧客終身價值）
而非短期的收支……152
推出訂閱制服務，只要與市場對話就能籌到資金 153
軟銀連續四季虧損的理由 156
用簡單公式算出LTV 158

思考開關④
舊常識：與對手競爭，擴大市占率
新常識：一舉奪下第一名寶座⋯⋯⋯⋯161
——小眾市場也無所謂，搶下能獨占鰲頭的領域 163
——投入「乏人問津的領域」 166

思考開關⑤
舊常識：產品價值在初上市時達到最高
新常識：上市後，也可以藉由「DPCA」提升產品價值⋯⋯⋯⋯168
——「基於執行」獲得實測值 169

思考開關⑥
舊常識：失敗很丟臉。絕對不能冒險
新常識：盡量失敗。讓冒險成為成長的養分⋯⋯⋯⋯172

前提條件是「未來無法預測」 174
如何找出「中獎率高的抽獎箱」 176
降低固定費用，就能避免「全面虧損的風險」 177
在平台服務時代，什麼樣的經營模式才是有智慧的 180

思考開關⑦
舊常識：不改變本業
新常識：每三年改變本業，但願景不變……………182

搭乘「往上的電梯」 183
長年維持軟銀集團營運的業務團隊 184
改變本業，避免裁員 186
看準科技趨勢 188
孫總裁絕對不變的只有「理念」 190

第3章

我從孫總裁身上學到的「新創企業必勝法則」……195

必勝法則❶用「一張A4」量產事業計畫……197

方法① 點子相乘法則～想就對了 198

不要光用腦袋想，也要採取行動 199

從「熱門商品排行」中看見趨勢 202

注意國外的成功創新事業 205

方法② 點子檢核表～從既有商品和服務，延伸出多元的想法 208

方法③ 「hop－step－jump階段性檢核表」～將類似案例概念化，具體擬定新企畫 212

方法④ 三角形檢核表～從目標和需求衍生更多想法 214

將想法轉換為事業時，你應該結合的三個關鍵字 220

必勝法則❷借用人力，擬定事業計畫……………223

不停開創新事業的「孫總裁式開會術」 224
「吃麥當勞」可以讓對方發言 233
用便利貼可以蒐集到大量意見 235

必勝法則❸訂定「暴風式成長策略」……………237

軟銀的「三次元經營模式」 237
以「成長」、「品質」、「利益」三種導向設定KPI 246
從小樹開始茁壯的「以小搏大策略」 249
「公司幹嘛去做這種小規模的新事業？」如何反駁別人的這種想法 251
利用「市場區隔」，創造成長領域 252
關注成長率。地球上到處都有正在成長的市場 256
孫總裁之所以投資阿里巴巴，就是看中它的成長率 258
跨國境的日本年輕企業家值得期待 259

必勝法則❹利用「孫總裁標準」，徹底驗證你的事業計劃……261
檢查你的「事業計畫是否具備成功潛力」 261
別忘了確認這幾點！讓事業計劃「加分」的五項要點 267
必勝法則❺產品上市後，也要快速執行「查核↓改善」的流程……282
方法① T字檢查法 283
方法② Google分析（Google Analytics） 285
方法③ 淨推薦分數 292
結語——商機無所不在……297

編集協力：塚田有香
図版作成：桜井勝志

前言——

讓日本商務人士發揮優勢的思考法

我喜歡寫「孫正義」的理由

我認為在日本，與人物相關的書籍以軟銀集團（SoftBank Group）董事長孫正義為最多。

我在二十五歲的時候進入軟銀。一開始擔任秘書，後來升遷為總裁辦公室室長，等於一年三百六十五天都待在孫總裁身邊工作。

我早上要去孫總裁的住所接他，我們會邊吃早餐邊開會。進公司後，則是與公司內部員工和外部人員一起開會。有時候會議多達十幾場，我也必須陪同孫社長出席會議直至深夜，會議結束後，我再將會議紀錄整理成PowerPoint，這就是我每天的工作。

並且，我也在孫總裁的指示下，參與了幾項新事業。

- 創立與微軟共同經營的中古車資訊服務「Carpoint（現為：Carview）」。
- 成立證券交易所「日本納斯達克（NASDAQ JAPAN）」。
- 收購日本債券信用銀行（現為青空銀行）。
- 開通ADSL服務「Yahoo! BB」。

以上是我參與過的主要事業，我在這些大型計劃中擔任專案經理，與孫總裁共同推動新事業。

在執行這些專案的過程中，**我徹底學習了**號稱天才經營者的孫總裁的思考方法。

過去，我曾經出過以「數據化」、「PDCA」、「專案經理」等為主題的書籍，我在這些書裡介紹的，都是我在軟銀工作時，從孫總裁身上學到的方法。

後來，我獨立創業，轉入教育領域的事業。

二〇一五年，我成立日本前所未有的一對一英語學習事業「TORAIZ」。這是不同於傳統英語補習班的嶄新服務，以先驅者之姿急速成長。

近來，有幾家公司推出類似TORAIZ的服務，並且日本的英語教育產業也形成了全新的市場。

我的新事業之所以能在短期間內崛起，全都是靠孫總裁傳授給我的知識和工作方法。

另外，我也擔任過幾家新創企業的顧問和外部董事。我希望能將自己在軟銀所學習到的孫正義式思維和行動傳承給年輕的企業家，協助他們的公司成長。

其中，有一些公司成立幾年後，就在東證一部上市，令我感到與有榮焉。最近，不只新創公司，也有越來越多大公司在投入新事業時，邀請我擔任顧問。

我一定會對煩惱新事業感和感到迷惘的人說一句話。

這句話就是**「如果是孫總裁，他會怎麼做？」**。

孫總裁的經營手法，總被說是「超乎尋常」。因為他的做法，跟傳統的日本式經營理論簡直天壤地別。

然而，在歷經「失落的三十年」、經濟成長持續低迷的日本，卻只有軟銀獲得驚人的成長。

「Yahoo! BB」在二〇〇一年開通之初，還是默默無名的新創企業，企業規模也比現在小很多，包含孫總裁和我在內，只有幾名員工窩在住商大樓中的小辦公室裡包辦所有的工作。

在不到二十年的時間內，集團已經躍升為市值超過一〇兆日圓的大企業，成長速度非凡。

也就是說，**孫總裁「超乎尋常」的思維和行動特質，正是創造「成功事業」的必勝法則。**

因此，我希望可以與更多人分享孫總裁的方法，讓日本的社會和企業變得更有活力。

這就是我喜歡寫孫總裁的理由。

「沒有新的事業想法和計畫……」的問題

非常感謝最近有越來越多看我的書的經營者和企業邀請我去演講。

■軟銀集團營業額變化

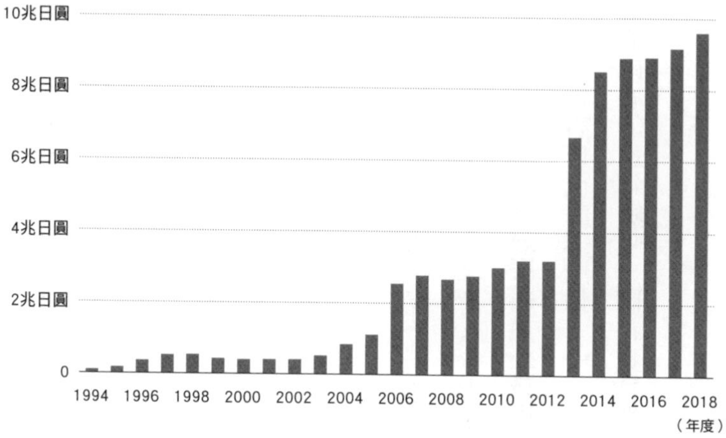

演講時我通常會談到孫總裁的工作方法。而最後的提問時間，一定會有聽眾問到一個問題。

「怎麼樣才能想到新的事業點子和事業計畫？」。

「我可以理解高速執行ＰＤＣＡ的方法。但前提是，我根本想不出『Ｐ（計畫）』」。

「我知道Ｐ（計畫）之前要先有Ｄ（執行）。不過，也必須有點子可以執行吧。到底該怎麼產生新想法呢？」

我遇過很多人用一副絕望的表情說出這些話。

現代環境變化多端，科技日新月

異。AI、IoT、5G平台、訂閱制服務、區塊鍊等，各種推陳出新的技術和商業模式令人眼花撩亂，使得越來越多商務人士產生危機意識，認為「自己也應該及早因應世界變化，投入新事業」。

尤其是以製造產品為本行的製造業，更是因為煩惱如何適應時代變遷而頭大。現代被稱為「服務化時代」，連製造業中最具代表性的汽車產業，也必須推動「MaaS」（mobility as a service，交通行動服務），才能生存下來。只要商品品質佳就能戰無不勝，這樣的觀念已經變成過去式了。

不過，如果一被要求「從今天起來構思新服務」，就能馬上想到的話，就不會有那麼多人苦惱了。即便**了解AI、IoT等技術的先進，**日本還是有很多**經營者和商務人士不知道「該怎麼將這些技術應用在自己的事業上」。**

「誰來告訴自己該怎麼做！」

他們內心的這句嘶吼，聽在我耳裡就像是在問「怎麼構思事業點子和計畫？」

商機就藏在社會的「不合理・浪費・不均」當中！

因此，本書的**第一章將說明如何發現社會整體的「不合理、浪費、不均」，提出商業點子和計畫去解決這些問題。**

因為現在很多急速成長的新服務，都是可以解決社會整體「不合理、浪費、不均」的服務。Uber等汽車共享服務、Netflix等影音串流服務以及Spotify等音樂平台都符合這樣的定義。

並且，我將這樣的思維稱為**「SQM（Social Quality Management，社會品質管理）」**。

我之所以會提出這樣的概念，是因為我希望能發揮日本商務人士的優勢。過去的日本企業，致力於消除社會的「不合理、浪費、不均」，在徹底的效率化和品質管理之下，製造出優良的產品。將這樣的思考從「公司」延伸用運至「社會」中，就能創造出符合現代使用者需求的商業想法和計畫。

光靠上面的三言兩語，或許你還是會覺得「這傢伙到底在說什麼」，因此我將在第一章中詳細說明，看了之後，你就會知道時代將如何變化。

第二章則要介紹「服務化時代」的新商業常識。

這一章要學習的模範，當然還是孫總裁。儘管孫總裁的經營手法被說是「超乎尋常」，但在時代更迭的現在，他的想法儼然已經變成新常識。

我將孫總裁的經營手法整理成七點「商業新常識」。

就算我們不能成為他，也能模仿他的思維。切換大腦的開關，以嶄新的觀點看待這個世界，眼前就會出現截然不同的風景。

你一定可以從那裡找出新的商機和計畫。改變思維就能改變行動，你也一定可以累積出異於過去的工作成果。

第三章要介紹的是孫總裁的「新事業（新創公司）必勝法則」。

近來，孫總裁以投資家的身分受到萬眾矚目，其實他也很懂得如何發展新事業和服務。

他成立搜尋引擎Yahoo! Japan、相關事業Yahoo! 拍賣（Yahoo Auctions Japan），以及推出ADSL服務、獨家代理iPhone等手機事業，他所開創無數新創事業，皆成果輝煌。最近推出的電子支付服務PayPay（由軟銀和日本雅虎的合併公司共同經營）引發各界關注，而這項事業也完美運用了孫總裁的思維。

孫總裁在開創新事業時，有他一套「必做」的法則。

我把這套法則歸納為「想法↓擬定事業計畫↓擬定策略↓驗證事業計畫↓服務開始後的檢討與改善」，讓大家都可以模仿孫總裁的做法。

雖然部分內容跟之前的書籍重疊，但這是我第一次將內容整理成步驟。

你們一定可以依照這個步驟來落實事業計畫。

軟銀急速成長的最大理由

本書介紹的內容絕對不會太艱深。

只要是在商場上打拚的人，或許都察覺到時代的變化。不過，多數人都難以用語言表達出這些變化、彙整為具體資訊，並因而感到焦慮不安。很多人聽了我的演講後會說「完全說中了我的感覺！」，原因就在於此吧。

希望這本書能像我的演講一樣，消除你們不安的情緒。

平成時代落下帷幕，開啟新的令和時代。

回顧平成時代，過去曾在全球化中成為大贏家的日本大型企業和知名企業，紛紛經歷了失落的三十年，在全球失去舞台。

在這樣的局勢當中，若提到「在全球知名度大開的日本企業」，一定會先想到軟銀吧！

軟銀絕對不是一路走來一帆風順的集團。

網際網路泡沫破滅時，軟銀的市值暴跌到只剩下一〇〇分之一，陷入經營危機。我也曾在孫總裁的指示下，一天到晚打電話拜託別人購買公司的股票。

從那樣的窘境中發展成目前市值達一〇兆規模的企業，成長速度實在相當驚人。

這是怎麼辦到的呢？

這是因為孫總裁懂得適應新的商業環境，透過不斷的挑戰改變自己和公司。

「最終能生存下來的物種，不是最強的、也不是最聰明的，而是最能適應改變的物種。」

將達爾文這句名言發揮得淋漓盡致的，就是孫總裁和軟銀集團。

現在日本最需要的，正是不害怕改變，勇於開創新商機的人。

讀者看完這本書之後，若態度能變積極，認為「自己也能有所作為」，那麼身為作者的我也會感到與有榮焉。

第 1 章

找出社會的「不合理、浪費、不均」！——SQM 的時代

過去的日本企業，就像最具代表性的豐田汽車生產方式一樣，藉由解決公司和工廠的「不合理、浪費、不均」，在製造業中拿下龍頭寶座。

當然，日本未來也會繼續應用這些經驗和成果。

除此之外，我們必須察覺整體社會「不合理、浪費、不均」的地方，推出能解決這些問題的服務。

目前在全球市場中快速成長的汽車共享服務或影音服務等新產業，都是著眼於社會的「不合理、浪費、不均」。這些服務獲得了眾多消費者的支持，證明他們符合了使用者的需求。

因此，我要在這一章中，說明**將視野從「公司、工廠」拓展至「社會整體」的重要性**。

這部分的關鍵字是「社會品質管理ＳＱＭ（Social Quality Management）」。不只關注組織內部，更要廣泛地連結社會整體的供給者與需求者，在必要的時候提供必要數量的必要商品——。這是ＳＱＭ的基本概念。

「平台服務」、「訂閱制服務」、「個人化服務」都是將ＳＱＭ具體化的商業模式，而我也會詳加介紹上述服務。

了解這些服務的本質，是在現代打造出「必勝事業」的必要條件。

社會處處充滿「不合理、浪費、不均」

社會和商業環境以前所未有的速度快速變化，導致許多日本企業陷入苦戰。但放眼全球，席捲全球市場的新服務卻也如雨後春筍般出現。汽車共享服務Uber、房屋共享服務Airbnb、影音服務Netflix、音樂串流服務Spotify等多到不勝枚舉。

其實，這些企業所提供的服務都具備一個共通點。這些服務的共通點就是消除社會的「不合理、浪費、不均」。

例如Uber就是著眼於汽車「不合理、浪費、不均」的服務。世界上有車的人多到數不清，但並非全部的人每天都會開車。尤其是在住大都市的多數人，都是「只有周末才會開車」的周末車主。就算是開車通勤的人，下班後回到家後，幾乎就不會再發動車子，整天下來，「車停在停車場的時間」還比較長。

也就是說，從整體社會來看，自家車的使用率相當低。這樣就存在著「不合理、浪費、不均」。

那麼，不要買車，搭公車或計程車不就好了？然而，這樣也會產生「不合理、浪費、不均」。並非每一輛公車都可以直達我們的目的地。公車站也可能離家裡有一段距離。

計程車不同於公車，雖然可以直接把乘客載到目的地，有時候卻無法立刻攔到車。車站附近還算好攔車，如果是住宅區裡面，要攔到計程車根本難上加難。而且，雨天在計程車排班區，更是一堆人大排長龍等著搭車……。

而若使用Uber服務，只要先在手機的APP中輸入目的地，地圖上就會顯示離你最近的車輛，只要點選車輛叫車，車就會開到你的所在地點載客。也就是說，由於使用者是透過APP預約離自己最近的車，因此有乘車需求的人可以在需要時立刻使用該服務。

順道一提，乘客上車後，由於已經在APP上輸入目的地，所以不必再跟司機說一次。也因為已經在APP上付款，因此下車時也不必再結帳（費用通常比計程車便宜）。

不過，叫計程車的話，如果另付「接送費」，計程車也會到指定地點載客。相較於計程車，Uber最大的優勢在於一般民眾在平台上註冊後，也可以成為Uber司機，用自己的車載客（日本國內礙於法規問題，目前尚未開放）。只要是有車、會開車的人，就能用自己的車和空閒時間賺錢。

這也可以說是讓「沒有在開的自家車」活用至整體社會的系統。**Uber的機制明顯提升了自家車的使用率，減少了社會的「不合理、浪費、不均」**。

令人驚嘆「竟然還可以這樣！」

接著，讓我們來看線上影音服務Netflix和音樂串流服務Spotify。

以前我們想看電影、影集或聽音樂的時候，還要特地去實體店租光碟。

就算一年只租一次光碟還是要繳年費，而且還要花時間租借光碟。有時候人都到了店裡，想出租的光碟卻全部被租走了……，應該有不少人有過這種令人跳腳的經驗吧。但是，把自己有興趣的光碟和CD全都買下來不僅太花錢，收納也很占空間。

Netflix和Spotify讓這些「不合理、浪費、不均」完全消失。

只要月付固定的費用，就有看不完（Spotify提供四千萬首以上的歌曲）的影片和音樂，而且隨時都能觀賞。

對使用者而言，絕對是史上絕無僅有的方便。

由於使用者買的不是影片和音樂的「所有權」，而是「使用權」，所以只要停止繳費，就無法繼續使用相關服務，儘管有這樣的缺點，但因為支付少許費用（Netflix每個月八〇〇日圓～，Spotify每個月九八〇日圓），就能觀賞、收聽無數的影片和音樂，因此這兩項服務在全球的用戶已經超過一億人（順道一提，使用者也可以免費使用Spotify，但在功能上會有所限制，例如「無法將音樂下載至自己的裝置，使用離線播放」、「只能隨機播放」等）。

如上述，社會中到處都存在著「人們沒發現，但仔細觀察後，會發現效率奇差」的現象。

並且，只要找到能解決這些課題的方法，人們就會驚嘆「竟然還可以這樣！」

所以說，有「不合理、浪費、不均」的地方，就有龐大的商機。

這稱得上是現代商場的基本原則。

「不合理、浪費、不均」不只存在於公司中

過去，「不合理、浪費、不均」是導致企業經營效率和業務效率變差的兇手。
基於慎重起見，我要再說明一次「不合理、浪費、不均」的意思。

- 不合理…負荷超過所能承受的範圍，處於效率低落的狀態（例如，趕不上的交期、不合理的生產計劃等）。
- 浪費…人事物超過所需的狀態（例如，浪費時間、多餘的庫存、冗員等）。
- 不均…不合理和浪費同時存在，導致品質不穩定的狀態。

徹底消除這些問題，推動營運合理化的知名企業就是豐田汽車。

利用看板管理系統（Kanban），在需要的時候按數量生產、供給需要產品的「即時管理系統」（Just in Time），讓「豐田式生產管理」成為眾多企業的效仿對象。

豐田式生產管理之所以具有劃時代的意義，是因為這是個以「以需求為前提」的管理機制。

過去的日本仿效美國企業的生產方式，現場依照上級的生產計劃進行生產。

然而，實際上的生產現場每天都有狀況發生，根本無法照計畫走。

就算每天都有固定的生產台數，但也可能發生機械故障、設備有問題、員工臨時請假等突發狀況。只要某個工程出現問題，後續工程就可能出現缺貨等狀況。或者，若某個程序的機械故障、停工，前面的工程卻照計畫持續生產的話，就會出現多餘的零件庫存。

簡直到處充斥著「不合理、浪費、不均」。

因此，豐田汽車創造出「由後續工程人員告知前一項工程人員『當下所需產品和數量』」的生產方式。如此一來，前一項工程人員只要製作所需數量即可。

若能視現場狀況調整，各程序皆基於「當下所需的產品和數量」進行生產，就可以在需要的時候按所需數量生產、提供需要的產品。這樣就可以提高機械和人員的作業效率，消除「不合理、浪費、不均」。

這就是「即時管理系統」的基本運作。

重點不是公司的需求，而是整體社會的需求

然而，「豐田式生產管理」主要是普及於企業內部。

其中，多數是運用在工廠、生產線等製造部門。

然而，就像我前面所說的，「不合理、浪費、不均」不只存在於公司中。只要放眼整體社會，處處都能發現「不合理、浪費、不均」，只要有「不合理、浪費、不均」，就存在著「在需要的時候按所需數量生產所需產品」的需求。

除了公司內部的需求之外，我們也應該思考整體社會的需求。

這就是這個時代所需要的。

過去，大半數的日本企業在「公司」的框架中，積極尋找並消除「不合理、浪費、不均」。充分提升效率和產品品質，讓日本躍升為全球的製造大國。

■將視野從「公司」放眼至「社會」

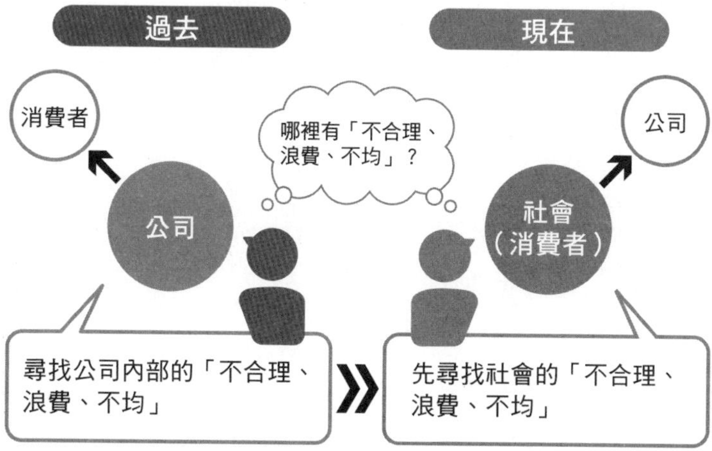

但很遺憾地，這已經是過去式。

在這個時代，能夠成功發展新事業的企業，是能超越公司框架，著眼於整體社會「不合理、浪費、不均」的企業。

任何產業和業種，都必須將視野從「公司」放眼至「社會」。

掌握這個時代的變化，是發展必勝事業的第一步。

從「TQM」過渡至「SQM」

讓我再深入說明將視野從「公司」擴展至「社會」的部分。

轉換視野的關鍵字是「SQM」。

過去的日本企業，致力於落實「TQM」。這個名詞翻譯成中文為「全面品質管理」。

TQM始於一九六〇年代開始盛行的「品管圈（QC，Quality Control）品質改善活動」。

儘管品管圈是由在相同工作場所的人自發性地運用各種改善手法來提升公司產品的品質，不過這項活動以工廠等生產線產為中心，比較像是現場單位的小組活動。

然而，光靠這樣的作法並無法充分回應消費者的需求。因此，將品管活動擴大至全公司，除了生產線場之外，將品質管理導入設計、採購、業務、行銷、售後服務等所有流程的活動，正是「TQC（Total Quality Control）＝全面品質管制」。

直至一九九〇年代，將TQC中的「Control」替換為「Management」的「TQM（Total Quality Management）」才滲透至日本企業。QC和TQC主要是由生產現場發起的活動，相較於此，TQM則是由領導階級帶領整個組織所進行的活動，這是兩者的主要差異。上層管理階級擬定經營策略、提出發展方向，設定品質和顧客滿意度的目標值後，由各單位一一達成目標（若想深入了解QC、TQC、TQM的相關知識，請查詢各種書籍和網站）。

QC、TQC、TQM對日本企業的發展有諸多貢獻，而且未來也將持續扮演重要的角色。

不過，我認為「光是這樣並不足以回應現代消費者的需求。我們需要新思維」。

雖然TQM可以提高公司產品、服務的品質以及顧客的滿意度，但是效果就僅限於TQM的框架中。這樣並無法滿足消費者「只想在需要的時候得到所需」的需求。

例如，汽車廠商藉由製造高品質的汽車及提供優質服務來回應顧客的希求，提高消費者的滿意度。

然而，Uber的商業模式廣受歡迎的現象透露出，**人們擁有「什麼品牌都無所謂、別人的車也可以，我只想在想搭車的時候就能立刻搭到車」的需求。**當然，也有人對於買車和汽車品牌有所堅持，但從整體社會來看，也有很多人壓根不在意這些事。

這麼一來，無論汽車廠商再怎麼提高產品和服務的品質，也依舊無法滿足使用者。

因為就算製造出省油、外型帥氣的車款，並且提供優質的售後服務，對於「豐田、日產、本田隨便都可以，只希望有車（比計程車便宜）可以在一小時後到家裡接自己到羽田機場」的人，根本不在意車子性能。

SQM＝消除「社會」浪費的機制

因此，在這個時代，我們需要的是「SQM（Social Quality Management）」。

這個名詞是我自創的，意思是將品質管理的架構「從公司整體（Total）延伸至社會整體（Socical）」。

我對ＳＱＭ的定義如下。

「為了提供能滿足供給者和需求者各種需求的服務，在企業建立的平台上所進行的一連串的活動」。

兩者的差異在於，ＴＱＭ＝消除「公司」浪費的機制，ＳＱＭ＝消除「社會」浪費的機制。

「只想在需要的時候得到所需」的需求之所以能在現代整體社會中浮現，是因為科技的進步讓企業得以建立平台。

我會在後面詳細說明平台服務，不過簡單來講，平台就是集中提供世界上各種資訊、服務及商品的「場所」。

例如，當我們想搭車到其他地方的時候，以前的我們只能選擇開自己的車、搭計程車或租車。所以人們只能從這三種方法中擇一。

由於網路、ＩｏＴ、ＡＩ等技術的進步，作為終端裝置的手機逐漸普及，使得

Uber等服務，透過一個APP就能創造出一個「場所」，輕鬆媒合「有車且現在有空開車的人」和「現在想搭車的人」。

過去在工廠內可以利用在看板上寫下「七號零件十個」等訊息來傳達需求，而現在則藉由科技的力量，讓這樣的功能發揮至整體社會。

透過「即時管理系統」掌握整體社會的需求，即時供給所需。這是正在發生的巨大變化。企業必須具備「SQM」的思維和觀點，才能因應這樣的變化。

我要再聲明一次，我並非認為TQM已經可以被廢棄了。就算將商業的視野從「公司」轉換至「社會」，也必須在公司內部啟動事業，就這部分來講，我們還是需要TQM。

但如果只把活動限制在TQM的框架中，就會出現問題。

我們應該要明白，若不將品質管理的範圍擴大至整體社會，就無法回應民眾的需求，也必須改變思維。

從「整體社會」來看透明塑膠傘？

讓我們更具體地來深入了解ＳＱＭ的思維和觀點。

舉例來講，假設你的公司是一間製造透明塑膠傘的廠商。

你的公司為了提高工廠機械和員工的生產率，不斷地改善業務流程和控管成本。

基於此，你的公司最終能以低成本製造品質良好的雨傘，也能照生產計劃讓大量的雨傘上市。你的公司成功消除了公司的浪費。

那麼，如果將視野從「公司的浪費」擴大至「社會的浪費」呢？

我們可以看到截然不同的情景。

你應該有過這樣的經驗吧？

沒帶傘卻突然下雨，為了躲雨只要到超市買一把傘。這種事一再發生，家裡放了好幾隻只用過一次的透明傘，雖然覺得浪費，但最後還是忍痛丟掉……。

同樣的情況，在日本到處發生。也就是說，從整體社會來看，出現了大量「沒用的透明傘」。

就算你的公司以低成本製造品質優良的透明傘，若大部分的傘被用過一次就丟掉的話，社會上就會產生很多浪費。

「既然如此，那就打造一個可以在整體社會中，消除透明傘『不合理、浪費、不均』的機制啊？」

這就是ＳＱＭ的思維。

其實，已經有企業基於這樣的想法推出相關服務。

這是一個名為「iKasa」的雨傘共享服務。

只要打開通訊軟體ＬＩＮＥ的內部程式，就可以看到自己附近有哪些借傘熱點以及可借數量，到該熱點後即可借傘，使用完畢再歸還即可。一天的費用為七〇日圓，比超商一把傘五〇〇日圓便宜多了。

iKasa的營運公司與零售店和餐廳簽約設置借傘熱點，借傘後可異地歸還。目前東京和福岡都能使用該服務，雖然是二〇一八年十二月才推出的服務，但會員人數已經超過二萬人。

■雨傘共享服務也來了！

iKasa https://i-kasa.com/

「突然下雨，只好到超市買一把透明塑膠傘。家裡都不知道有多少隻了……。」雨傘共享服務就是基於希望消除這種社會浪費而誕生的。完全是符合SQM思維的服務。

到手機地圖上顯示的最近「iKasa熱點」，掃描傘架中的傘柄QR碼。這樣即完成借傘程序。使用完畢後，到iKasa熱點（可異地歸還）掃描歸還專用的QR碼，將雨傘放回傘架。

一天的使用費為70日圓。比超商動輒幾百日圓的透明塑膠傘便宜多了。

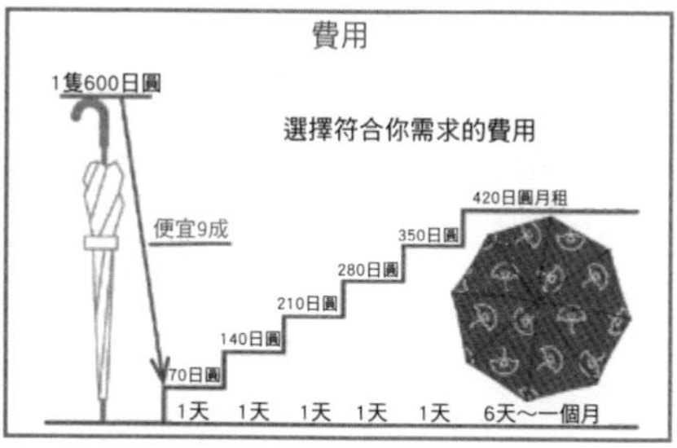

資料來源：iKasa官網

未來若增加借傘熱點，使用者就可能會越來越多。

日本國內透明塑膠傘的年銷售量約八〇〇〇萬隻。然而，會到超商買透明傘的人，幾乎都是出自於「別無選擇」吧。若可以在需要的時候拿到所需的雨傘，到超商買透明傘的人就會減少，整體社會所需的雨傘數量也一定會變少。

這麼一來，就算你的公司積極消除公司內部的浪費，出貨量還是會變少，營業額也會跟著縮水吧。

然而，若能及早利用SQM的觀點，察覺整體社會的「不合理、浪費、不均」，或許就能主動推出雨傘共享服務。這樣的做法也許能填補既存事業減少的利益，甚至創造更大的獲利。

「SQM」思維在未來，將是企業締造「必勝事業」的必要條件——我堅信如此。

消費者的需求將從「持有的價值」轉換為「體驗的價值」

豐田式生產管理的創始人大野耐一（豐田汽車公司的前副社長）說過下面這段話。

「公司裡只存在『工作』和『浪費』。徹底消除浪費，才能提高生產力。很多你以為的工作，在旁人眼裡卻不是這麼回事。」

把這句名言換成現代的寫照，就會變成這樣。

「社會裡只存在著『體驗價值』和『浪費』。徹底消除浪費，才能提高生產力。很多企業認為自己所提供的是『體驗價值』，但在旁人眼裡卻不是這麼回事。」

如字面所示，「體驗價值」指的是體驗所帶來的價值。

傳統的消費者，認為擁有某項東西的所有權才會產生價值。

無論是前面提到的汽車或提供影片或音樂的ＤＶＤ、ＣＤ，都是因為擁有了這些東西，所以獲得交通工具和娛樂的價值。

然而，現在即使名下沒有車，也可以在需要的時候，利用ＡＰＰ獲得交通工具，只要有手機或電腦，隨時隨地都可以觀賞影片或收聽音樂。就連衣服也是這樣，有越來越多年輕人「不買衣服，而是在需要的時候，向租借公司租借自己想穿的服飾和包包」。

也就是說，現今消費者需要的不是「擁有」，而是「即時獲得必要的體驗」。

購買單位也將從「物品單位」變為「體驗單位」

隨著消費模式的改變，購買單位也將從「物品單位」轉換為「體驗單位」。

以汽車來講，消費者付費時，思考模式將從「一台」變成「一趟（乘車）」，電影則是從「一片ＤＶＤ」變成「次數」。

這是現代的消費者感受。

■現在的消費者已經「不想擁有東西的所有權」

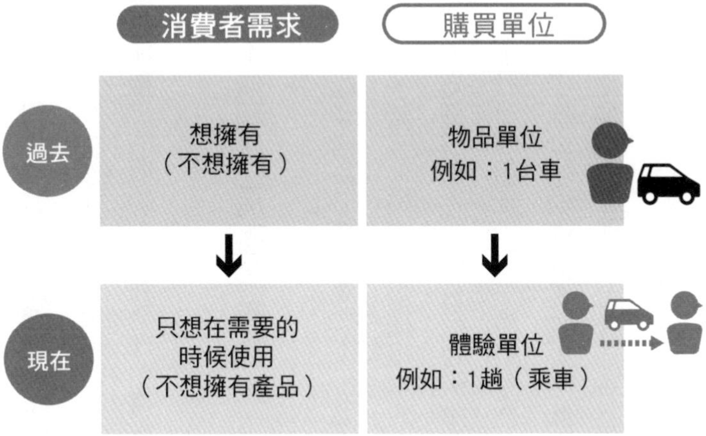

無法獲得「體驗價值」的東西，都會被消費者視為「浪費」。

買一台只在周末開的車是浪費、買一片只看一次的DVD也是浪費。

因此才會變成「社會裡只存在著『體驗價值』和『浪費』」。

最近經常聽到「從產品走向服務化時代」，我們應該將這句話的本質理解為從「擁有的價值」轉換為「體驗價值」。

促成這種意識轉變的原因，絕對與科技的進步和社會結構的改變有關。

想買東西的時候，只要滑滑手機，東西就會透過線上或宅配送達。

由於購入成本（程序）大幅下降，因此人們不認為擁有才能產生價值。**「不擁有才夠率性」的價值觀，反而滲透至年輕族群中。**斷捨離和極簡等生活模式受到關注，也顯示出社會價值觀的改變。收納女王近藤麻理惠所提倡的收納方法在全球引發熱潮，也證明了擁有的價值逐漸式微。

選擇「不添置」房產的年輕人

最近，越來越多年輕人喜歡住在小房子，使得「小坪數住宅」人氣水漲船高。很多房子甚至是只有三張榻榻米的套房。雖然有浴室，也可以用便宜的價格住在市區，但這種房子在以前肯定會被嫌棄「太小了」。現在這種房子只要有空屋在招租，馬上就會被租走，可見需求之大。原因就在於「不想添購房產」。

由於有手機就不須購買電視，因此不用煩惱沒地方擺，衣服和包包也可以向租借業者租或者與二手店買賣，所以也不需要大型衣櫃。

肚子餓的話，只要用APP訂外送就可以吃到餐廳的食物，因此即使沒有冰箱，也不會對生活造成問題。

所以，就算空間不大，也能過得很舒適。

對於住在小坪數住宅的年輕人而言，租大房子、付昂貴租金才是「浪費」。

並且，甚至也有人選擇「Address Hopper 居無定所」的生活方式，經常換地方住宿，包括借助朋友、熟人家、分租公寓、民宿或旅館等。

就算沒有房子，住一晚就能獲得住宿的體驗價值。這是Address Hopper 的想法。

年輕世代認為房租和車子的保養費等固定費用，只會「讓自由的生活方式被束縛」。從「擁有的價值」到「體驗價值」，我們已經看到了這樣的改變。

你的公司不做，一定會有其他人搶著做

但是，**企業到現在還是拚命地在提供「擁有的價值」**。

企業依然希望讓只想搭一趟車的消費者購買一台車。這不正是「社會的浪費」嗎？

我的說法聽在製造產品的廠商耳裡或許很殘忍。

然而，這是正在上演的事實。若對此視而不見，日本企業將無法在未來創造成功的事業。

但我並非要企業摒棄過去的經驗與知識。

我所說的，不過是將視野侷限公司或擴展至整體社會的差別而已。

日本企業在消除公司內部「不合理、浪費、不均」方面的知識和經驗堪稱世界第一。

現在只要**改變思維，轉而「尋找整體社會」**的不合理、浪費及不均即可。

只要觀點稍微改變，一定可以發現社會中的各種「不合理、浪費、不均」，運用過去所累積的知識和經驗來解決問題。

日本企業確實具備這樣的潛能。

「就算你這麼說，我們是製造業，當然還是只能製造產品吧？」

或許有人會這麼反駁。

然而，未來以「物品單位」購買東西的情況一定會減少。

以汽車來講，由於共乘服務或汽車共享服務的興盛，提高了汽車的使用率，因此整個社會只要有最低數量的汽車就夠民眾搭乘。

既然如此，比起製造新車款，汽車廠商更應思考「如何利用社會中已經有的車子，提供消費者體驗價值？」

在汽車產業，已經出現MaaS＝（mobility as a service，交通行動服務）的口號。

簡單來講就是「交通工具服務化」。意思是根據使用者的需求，以服務的方式提供汽車等各種適合使用者搭乘的交通工具。

汽車的已經變成一種以「體驗單位」而非「物品單位」賣出的產品。

這樣的商業模式不只存在於汽車產業中。

在全球市場中，「XaaS（X as a Service）和「EaaS:（Everything as a Service）」已成為口號。意思就是「一切皆服務」。

這是出自於IT產業的用語，意思是過去電腦資源通常被視為產品或系統購買，現在則透過網路以服務的形式提供相關服務，而現在我們可以把「X」替換為任何產業或商品。「MaaS」只是其中之一。

你的公司的產品，也不會是例外。

看著既有事業市占率縮小很令人難受，但猶豫不決就會被「整盤端走」

你或許不能接受既有事業的市占率縮小。

但是，你不做自然有其他人會做。

做生意的人一定有察覺到社會的變化。

例如，以汽車產業來講，一定會有人想到「利用社會中的多數汽車，提供讓消費者擁有體驗價值的服務！」，並且不把汽車廠商放在眼裡，迅速投入該事業。

例如早就「有人」推出 Uber 等汽車共享服務。

其他行業和業種也一樣。**一定會有人敏銳地注意到社會的變化，用你們公司的產品推出新服務。**

這個人可能是默默無名的新創企業、創投企業，也可能是軟銀這樣的異業。

你要當羨慕別人的旁觀者，還是改變思維，將過去的經驗和知識應用在未來──？

所有日本企業都要面臨這樣的選擇。

讓SQM具體化的三種商業模式

為什麼我們現在需要「SQM」思維？

我已經說明過背景原因。

然而，有些人就算了解了「SQM」的概念，也還是不知道如何應用在事業上。

因此，接下來我要說明如何將SQM具體應用在事業中。

關鍵字有下列三個。

①平台
②訂閱制服務
③個人化服務（高附加價值化）

讓我們來詳細了解這三個關鍵字的意思。

① 平台

我在說明SQM定義的時候也稍微提過，之所以能在整體社會做到「Just in Time」，是因為有企業提供了稱作平台的「場所」。

GAFA是最具代表性的平台服務企業，因此很容易令人以為只有大型企業才供得起平台，但絕對沒有這回事。

世界上有很多小規模企業和創投企業所打造的平台，而且很多都是投入小眾市場。

能否建立平台，與企業的規模、知名度、行業、業種及既有事業的內容完全無關。

「什麼是平台？」理解平台的本質，任何企業都能成為平台。

當然，你的公司也做得到。

平台的定義

首先，讓我們先來定義什麼是平台。

早在GAFA崛起之前，軟銀就已經開始使用平台這個字，這個字對於軟銀的意義是「在一定的規則下串聯賣方與買方的場所」。

數位化提升了平台的使用效率，並衍生出平台現在的意義。

進一步定義的話，平台需要以下三項要素才能成立。

(1) 具變動性地直接串聯賣方和買方，讓價值達到最佳化

平台的功能在於，直接連結賣方與買方，以「體驗單位」即時進行價值交易。

在這樣的過程中，很重要的一點是「變動性」。

過去以「物品單位」進行交易時，消費的對象是固定的。

例如，「想擁有車」的人，只能購買汽車廠商製造的汽車成品。購買時，在豐

田的經銷商只能買到豐田的車、在日產的經銷商則只能買到日產的車。

然而，在平台上，使用者可以根據目的使用不同的「車」。

以 Uber 來講，乘客可以選擇一般的自家車、高級轎車或包車，也可以搭乘有合作關係的計程車。若希望節省車資，還能選擇共乘。

而且，在平台上價格也是浮動的。

在國外使用 Uber 時，就算一樣的距離和路線，車資也會跟著時段變動。例如，從巴黎的飯店到到羅浮宮，清晨的車資為十歐元，若是美術館開館前的九點之前，則會增加到十五歐元。

也就是說，需求少就會降價，需求高就會漲價，價格是即時浮動的。

基於這樣的變動性，平台讓**社會整體可以用最適當的價格搭乘交通工具**。

（2）以資訊和價值流通的機制取代生產

平台不生產物品和商品。

Amazon 雖然販售多到數不清的商品，但是本身並不製造商品（但也有破例生產 Amazon Echo 智慧音箱和電子書閱讀器等商品）。YouTuber 並不製作影片、

Uber 也不製造汽車（由公司研發汽車）。

Apple 雖然是製造商，但 iTunes 和 App Store 等平台並沒有生產任何商品。因為Apple本身沒有在製作音樂和APP。

相反地，平台建立的，是讓價值和資訊流通的機制。一家企業只要建立能夠實現定義（1）的系統，就能成為一個平台。

（3）龐大資訊形成價值

企業所提供的服務若要變得有價值，就非得有品質的保證。

以「物品單位」進行交易的時代，工廠會先檢查品質，保證「商品品質沒問題」後再出貨。

然而，**在平台上則是由使用者來評價品質**。

以 Uber 來講，使用者與司機可以用五顆星為彼此打分數。在Amazon和App Store 中，使用者則可以為商品、APP及業者打分數。

透過這些資訊，使用者即可判斷各種商品的體驗價值有多少。使用者越多，代表資訊越多，品質保證的準確度也越高。

平台具備的三種功能

下列三項功能，平台缺一不可。

（1）交易仲介功能

將想要進行價值交易的人串聯起來。這是平台的基本功能。

在平台上，商品和服務都擺在「架上」，想購買的人可以自由參觀。

（2）由消費者進行評價，為品質把關的功能

就像我前面說過的，在平台上，使用者的口碑和評分等於是為品質把關。

由於 Uber 會將評價低於四．六顆星的司機召回檢討，因此可以開除惡劣的司機，讓乘客安心搭乘。同時，由於司機也可以評價乘客，因此司機也可以拒載無禮、愛鬧事的乘客。

如果沒有這種「由使用者為品質把關」的功能，使用者便無法判斷服務的價值，導致難以發揮平台的功能。

（3）支付功能

媒合買賣，一定要有付款的支付功能。

付款方式越多，便利性越高，有助於增加使用者。其中最重要的是提供信用卡、手機付款等，在交易成立後即可立刻線上付款的功能。現金支付的流程較麻煩，付款本身也可能變成問題。因此，線上付款對買方而言較方便，賣方也能確實收到款項。

並且，在平台上付款時，由於需要進行身分驗證，因此必須透過身分證蒐集、管理包含個資在內的使用者資訊。其實，「身分證資訊蒐集」是平台的一大優勢，也是擴大事業規模的關鍵。

■本書所謂的「平台」

● 平台的「定義」

1. 具變動性地直接串聯賣方和買方，讓價值達到最佳化
2. 以資訊和價值流通的機制取代生產
3. 龐大資訊形成價值

● 平台的「三項功能」

1. 交易仲介功能
2. 由消費者進行評價，為品質把關的功能
3. 支付功能

● 平台帶來的「經營變化」

1. 經營資源從「大量存有」轉變為「即時調度」
2. 價值創造的場所從「工廠」轉為「社會」
3. 從「工廠的生產率」到「社會的生產率」
4. 價值鏈從「單一方向、固定」轉變為「即時最佳化」
5. 從「大量生產、大量消費模式」轉變為「循環型模式」

專欄 還是開放？平台式企業？

有人說「Uber 不就是白牌司機嗎？」，但兩者的決定性差異在於有沒有「由消費者進行評價，為品質把關的功能」。

白牌計程車沒有提供讓消費者判斷司機優劣的機制。因此無法保證乘客能安心安全搭乘，甚至有可能淪落為犯罪的溫床，因此成為政府的取締對象。

另外，身為平台式企業的 Uber，由於提供為品質把關的功能，因此乘客和司機成立交易之前，可以確認彼此的評價，預防發生糾紛。相較於不知道自己會遇到什麼樣的司機，Uber給予乘客更高的安心感和安全性。

實際上，國外也常常發生跳表計程車亂灌水的事情。我在義大利羅馬搭計程車也曾經被坑過錢，因而覺得「在 Uber 上叫評價高的司機還比較安全」，自此之後就再也沒搭過計程車。由於Uber是利用已輸入的信用卡付款，因此不會發生付款糾紛。

在日本這種人民自我規範意識較高的國家，遇到惡劣計程車司機的機率應該很低，不過在其他國家和地區，受到國家規範的平台式企業，或許更能為品質把關。

不過，對於「解除限制，全部交由平台式企業管理」的意見，我個人則保持懷疑的態度。

就像我說過的，每個國家、地區的社會環境、國民性及法律都不同，因此不能一概而論計程車或 Uber 比較好。

在日本，基於法律規範，也只開放 Uber 的部分服務。雖然這一點招到很多批評，但是其實還要考量很多因素，例如，由一般民眾開自家車以便宜車資載客的服務普及後，受過良好訓練的優良日本計程車司機收入勢必會受影響，這樣真的好嗎？

「該規範還是開放平台式企業？」我們應該跳脫二元化思考，將各種狀況納入考量，深入探討相關議題。

不光只有IT巨頭GAFA！還有一一嶄露頭角的小眾市場平台

只要符合以上定義並具備必要功能，就能成為一個平台。

並非所有平台都要像 Amazon 一樣提供包山包海的商品。就算是特定的小眾市場，只要有想要進行交易的使用者存在，就能稱得上是平台。

前面介紹的「iKasa」也是這樣的平台之一。

雖然 iKasa 的服務領域相當小，單純媒合社會中多餘的雨傘和需要立刻用傘的人，但這也是從消除社會「不合理、浪費、不均」的角度所想出來的服務，因此是一個打造平台的好例子。

還有很多在小眾市場嶄露頭角、值得注意的平台。

讓我來介紹幾個吧！

◎「Dr.'s Prime」

這是提供兼職機會給醫師的平台。而且，平台鎖定的對象是「二級急診醫院的值班醫師」。

儘管如此，該平台之所以能大幅成長，還是因為社會有相關的「需求」。

很多二級急診醫院（收治一般患者）在平日的看診時間之外，很難聘請到足夠的值班醫師或大夜班醫師。對醫師而言，清晨或凌晨在醫院值班，提供患者緊急醫療也是很大的負擔，因此醫院常常聘不到人。

而雖然二級醫院會聘用兼任醫師，但這些醫師大多是三級急診醫院（收治重症患者）的全職醫師。由於三級急診醫院的薪資不敷使用，所以醫師才會選擇在平日晚上或周末到二級急診醫院兼職。

不過，這些醫師在三級急診醫院的工作已經夠累了，他們其實很想休息。而且，由於兼職工作採日薪制，就算接了再多急診病患，薪水也不會變多。

這種狀況導致急診醫院拒收病患，急救患者淪為「人球」的例子層出不窮。

為了解決這樣的問題，「Dr.'s Prime」平台提供比其他公司更高的薪資，並且每收一名急診患者，還會有額外的獎金。

■避免急診患者淪為「人球」的服務

Dr.'s Prime https://drsprime.com/

很多急診醫院都會聘請兼職醫師在夜間或假日值班。然而，由於他們是按日計薪，因此就算收治大量急救患者，薪水也不會變高。這種狀況導致急診醫院拒收病患，急救患者淪為「人球」的例子層出不窮。為了解決這樣的問題，這個平台「提供比其他公司更高的薪資，並且每收一名急診患者，還會有額外的獎金」，提供醫師兼職的機會。

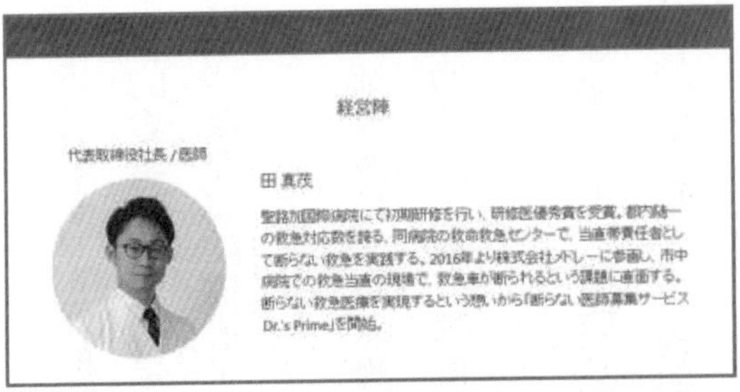

Dr.'s Prime的社長田真茂醫師，曾經在聖路加國際醫院等醫院提供急救醫療。他基於想要打造「不受阻的急救醫療」的想法，成立了Dr.'s Prime平台。

資料來源：Dr.'s Prime的官網

反之，醫師「沒有特別原因，就不能拒收急診病患」。

在這樣的機制下，**該平台成功媒合了「不會拒收急診病患的醫師」和需要這種醫師的醫院。**該平台的使用者也繼續增加中。

並且，該平台也具備品質保證的功能，讓醫院可以在工作結束後給醫師評價（「評價越高，分數越高，薪資也會跟著上漲」，醫師也能獲得這樣的獎勵）。

經營該平台的田真茂社長本身也是醫師，他因為希望能夠解決自己在急救現場面臨的問題，因此開始推出這樣的服務。

這個例子充分說明了，就算不是大企業，做生意的門外漢只要能發現社會中的「不合理、浪費、不均」，照樣能打造一個平台。

◎「Anyca」

這是讓使用者可以搭乘私人房車的汽車共享服務。

Uber 提供的是交通工具，由車主擔任司機載客，而 Anyca 與 Uber 最大的差異在於，使用者可以自己駕駛別人的車。

這個平台媒合的是「想借出車子的車主」和「想開開看夢幻車款與特殊車款的

人」。

使用Anyca的APP，就能在手機上搜尋各種車款。除了日本汽車廠牌之外，還有BMW、Benz、保時捷、Alfa Romeo等人氣進口車。有特斯拉的最新電動車，也有車迷喜愛的經典車款。

一般人就算想開開看敞篷車或雙人座汽車這種娛樂性高的車子，在租車公司也租不到。就算有，費用勢必也很貴。

將較於此，Anyca的費用平價多了。

從網站上來看，Peugeot 的休旅車二十四小時約八〇〇〇日圓、Benz的敞篷車約七〇〇〇日圓，這樣的價格令人覺得「很可以」。

使用者在APP預約自己喜歡的車，車主同意後，交易即成立。由於該系統採線上刷卡付款，因此付款後只要照約定的時間和地點取車即可。

該平台也提供品質保證功能，讓租借雙方都能安心使用平台的服務。

使用者和車主都必須事先向 Anyca 出示駕照和檢驗證明接受審查。交易完成後，雙方可以為彼此評價，供其他使用者參考。

■私人租車服務

Anyca https://anyca.net/

這個平台媒合的是「想借出車子的車主」和「想開開看夢幻車款與特殊車款的人」。搜尋地點、車款等，找到想借的車之後，透過APP預約，車主同意後，交易即成立。以信用卡線上付款後，只要到約定的時間和地點取車。該平台也提供完整的品質保證功能，讓租借雙方都能安心使用。

使用者在租車前若有任何問題，都可以透過聊天功能詢問車主。使用者在APP上完成預約後，即含有單日的汽車保險，可說是提供了完整的保障。

實際上我也用過他們的服務，**只要照著APP的流程操作即可，使用起來相當方便。**

例如，使用者將車子還給車主時，APP會顯示「車子是否有受損」等確認項目，只要按照畫面操作，就不會有疏漏的地方。

經營Anyca的，是由DeNA和SOMPO控股公司合資成立的公司。這項服務原本是由DeNA於二〇一五年開創的新事業，但自二〇一九年四月起，則改由合資公司接管。

DeNA表示，他們在研究私人共享汽車的風險管理和糾紛防範方法時，認為與專門處理安全保障問題的保險公司合作，可以滿足使用者的需求。

就像這樣，跳脫單一企業，由企業聯手經營，也是一種平台的營運模式。

◎「Tabinaka」

這是販售國外自由行行程的平台。

想遊覽大型旅行社不會安排的景點、想體驗獨特行程的人，以及可以滿足旅客這些需求的日語導遊，都可以透過平台進行媒合。

該平台目前提供的行程從亞洲到歐洲、大洋洲都有，含跨全球各國二〇〇個都市、超過六〇〇〇種行程。「在宿霧與鯨鯊遨遊大海」、「納帕酒莊之旅」等，各種行程應有盡有。

只有通過營運公司面試、符合一定標準的日語導遊，才能在平台上刊登行程，因此服務品質穩定。並且，該平台也提供了品質保證功能，讓實際上參加過行程的旅客，以五星評分制度替行程打分數。

■介紹嚴選的當地旅遊行程，並提供日語導覽

Tabinaka https://tabinaka.co.jp/

想遊覽大型旅行社不會安排的景點、想體驗獨特行程的人，以及可以滿足旅客這些需求的日語導遊，都可以透過平台進行媒合。

只有通過營運公司面試、符合一定標準的日語導遊，才能在平台上刊登行程。並且，該平台也提供了品質保證功能，讓實際上參加過行程的旅客，以5星評分制度替行程打分數。

資料來源：Tabinaka官網

雖然當地體驗行程屬於國外旅遊中的小眾市場，但Tabinaka的平台仍然可快速成長。

該平台的營運公司是成立於二〇一四年的新創企業，但在二〇一九年五月併購了大型旅行社H．I．S的子公司Justavi。Justavi所經營的平台，主要提供的服務是媒合到日本租車的外國遊客和日本當地的司機，而Tabinaka未來也將開發沖繩和北海道的日本觀光旅遊事業。

這個例子告訴我們，**就算是剛成立的新創企業，只要能創設符合社會需求的平台，也可以獲得投資人的投資，併購大企業旗下的公司。**

◎「Jimoty」

這個平台媒合的是想售出、贈送用不到的東西或二手用品的人和想要購買二手用品的人。

從「Jimoty」這個字我們也可以猜到，透過這個平台，使用者可以與自己住在同一區域的人進行交易。由於Mercari等二手用品APP沒有限制區域，因此買家與賣家雙方交易時，還要包裝或寄送，但Jimoty則是直接面交，省去這些瑣事。

■媒合「當地居民」的免費布告欄

Jimoty https://jmty.jp/

正如「Jimoty」的名稱所示，使用者可以在平台上刊登自己居住地區（當地）的各種資訊。雖然該平台主要媒合的是欲售出、贈送用不到的東西或二手用品的人和想要購買二手用品的人，但也可以用來刊登徵人廣告或募集社團成員。使用者可免費刊登資訊。

出典：ジモティーのHPより

使用者註冊後，可以免費刊登廣告。除了交換東西之外，還可以透過該平台刊登徵人廣告或募集社團成員。

使用者不必付註冊費、刊登費或手續費等，平台經營者的收入來源，是企業的廣告刊登費。

這種商業模式源自於美國的「分類廣告網站」（classifieds）。這類服務的先驅是一九九〇年代起始於美國舊金山的「craigslist」服務，目前全球各國都已經看得到相同的平台。

Jimoty在二〇一一年推出服務，在日本算是新興事業。雖然Mercari在二〇一六年推出相同的分類廣告網站「Mercari atte」，但在二〇一八年便黯然退場。這樣的服務若想要在日本生根，就靠之後的發展了。

話雖如此，這個例子也告訴我們「原來還可以透過不同的的方式打造平台」，例如廣告收入經營模式、引進國外的成功商業模式等。

你看了有什麼想法？

是否對平台的印象稍微改觀了呢？

最重要的並不是平台的大小或經營者的規模、實績。只要找出社會整體的「不合理、浪費、不均」，提出解決的方法，就一定會出現買家和賣家。

當然，隨著使用人數增加、資訊變多，就要進一步擴大平台的規模。就像Amazon 一開始也只是從賣書做起，再逐漸擴大商品的種類。

我會在第三章詳細說明如何擬訂成長策略。

平台帶來哪些經營上的變化

若全球的商業環境能基於ＳＱＭ思維推動平台化，企業經營的概念也會跟著大幅改變。其中變化最大的為下列五項。

（１）經營資源從「大量存有」轉變為「即時調度」

傳統的企業經營概念，是擁有越多「人力、物力、資金、資訊」越好。固定資源的多寡，可說是決定了一家公司的實力。

然而，若交易單位從「物品單位」轉換為「體驗單位」，企業就不需要大量保有這些資源。

由於社會整體可以即時進行交易，因此平台式企業只要有足夠的資源能讓當下的交易達到最佳化，事業就能持續運轉。由於總交易量也瞬息萬變，因此過度的資源反而會造成營運上的負擔。

基於此，平台應該視需求籌備「人力、物力、資金、資訊」。

隨著ＩＴ和物流的進步，人力和物力的籌備成本也會大幅降低。若平台的價值獲得市場認同，就能獲得投資者的資金挹注。資訊更是如此。

因此，只要在需要的時候獲得所需資源就夠了。

若整體社會能及時進行交易，企業也能及時獲得經營資源。

這就是第一項重大的改變。

話說回來，平台本身不必製造商品，因此不需要多餘的人力和設備，即使必須建置平台所需的系統和網站，費用也遠比蓋工廠低多了。

「無資產者」也能擴大事業規模，這就是平台時代的力量。

（2）價值創造的場所從「工廠」轉為「社會」

當人們以「物品單位」購買東西時，創造價值的地方是工廠。

以汽車來講，工廠將分散的零件和車體組裝完成，成品從工廠出貨的那一刻起，商品即產生了價值。

而成品出了工廠後，價值則隨時間遞減。從消費者購買汽車的那一瞬間起，車子的價值便開始下滑，除了部分骨董車之外，大部分的車過了十年之後，就變得一文不值。

相較於此，購買「體驗價值」時，價值在使用者利用服務的時候產生。

例如，以家教的服務來講，在老師授課時才會產生價值。在授課之前，家教服務的價值並不存在。

並且，服務結束後，也不會剩下任何價值。學生或許會記住知識或資訊，但並不會像買車一樣，留下任何有形的東西。

也就是說，社會處處都在即時創造體驗價值。

這就是「物品」和「體驗」（服務）的差異。

隨著購買的單位從物品單位轉換為體驗單位，人的價值觀也會跟著改變。

在以物為尊的時代，擁有物品可以滿足自己的炫耀慾望、獲得自我滿足，人們從中感受到龐大的價值。

然而，在現在這個購買體驗的時代，「用得到最重要」的價值觀已成為主流。只要在需要的時候可以獲得所需的體驗，人們便感到滿足。

隨著服務平台化，價值發生的地點與價值本身的意義，也會產生重大的變化。

（3）從「工廠的生產率」到「社會的生產率」

就像我前面所說的，在生產的時代，企業要想盡辦法提升工廠機械與人力的生產力，消除「不合理、浪費、不均」，以增加企業的獲利。

然而，企業未來的課題將變成，如何提升社會整體人力和物力的生產力以增加企業的獲利。

就算公司內部的生產力提升了，若公司的產品形成整體社會的「不合理、浪費、不均」，人們就不會有購買的慾望。

就像我前面介紹過的SQM例子一樣，企業提高生產力、製造大量的透明塑膠傘，但站在整體社會的角度來看，透明塑膠傘卻形成了浪費。這樣的例子隨處可見。

未來，**思考「社會生產力」比思考「工廠的生產力」更有助於增加公司的獲利。**

想提升工廠的生產力，必須培養員工擁有多種技能、安排作業程序、利用看板共享不同部門的資訊。

但是，現在由於科技發達，一個人只要擁有手機，就能分享資訊、下單、付款、為品質評分等。在這個時代，整體社會已經可以輕鬆做到過去必須由工廠管理

■過去的價值流動方向

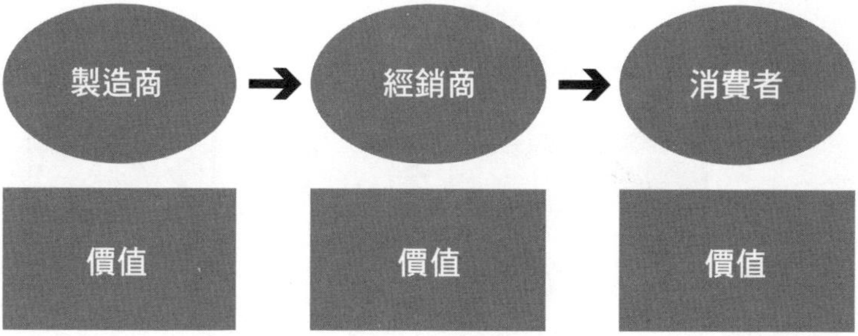

的事情。

生產力的概念也從「工廠」轉變為「整體社會」。

這也是平台帶來的變化。

（4）價值鏈從「單一方向、固定」轉變為「即時最佳化」

傳統的商業活動中，價值的流動方向是「單一方向且固定的」。

以汽車來講，商品的價值會先從製造商到經銷商，再從經銷商流動至消費者。由於箭頭的方向不會改變，汽車廠商的各車款都有固定的經銷商，因此不會有新的競爭者出現，彼此的關係是固定的（上圖）。

■IoT出現之前的平台

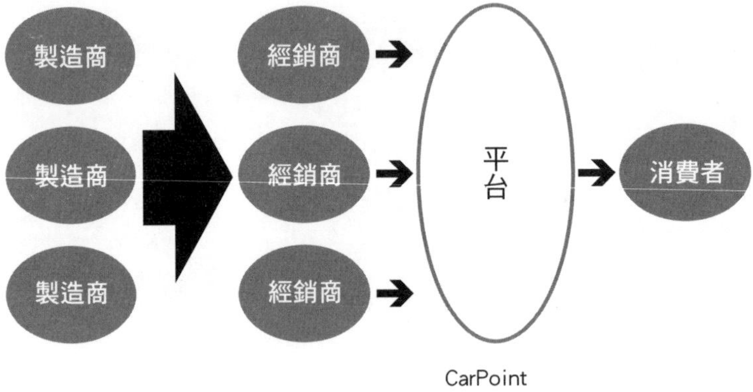

然而，隨著數位化的發展，平台開始出現在價值鏈中。並且，價值的供應方由單線轉變為多線。

不過，在初期階段，箭頭的走向仍是單一方向。

讓我用一九九〇年代微軟公司在美國推出中古車資訊服務「Carpoint」為例進行說明（上圖）。

在日本，經銷商在固定區域內各自販售特定系列車款，消費者若想買豐田的車，只能到當地的豐田經銷商，但在美國，同樣的車款可以由多家經銷商銷售。

消費者雖然有很多購買管道，但也必須花更多時間和心力請經銷商報價。

因此，Carpoint提供了讓多家經銷商

■IoT出現之後的平台

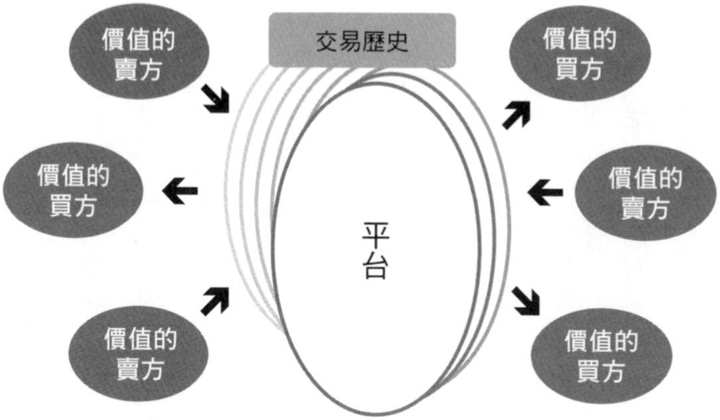

報價的平台。透過平台，消費者可以更方便地進行比價。

上圖是數位化初期的價值流動圖。

並且，隨著科技進步、ＩｏＴ出現之後，媒合買賣雙方的速度變得更即時（上圖）。

過去，價值朝單方向流動，由製造商流動至消費者，但進入ＩｏＴ的階段後，**社會各處的賣家與買家都可以透過平台自由交易，以體驗單位進行價值的買賣。**

ＡＩ分析平台上的交易歷史，基於買賣雙方的需求，認為「某賣家與某買家的需求相符時」，即替雙方進行媒合，因此價值的流動方向和參與交易的人隨時都在變動。

價值鏈的概念，原本是用來分析產品與服務送達消費者的流程，但平台和IoT的出現，讓原本直線串連的「鏈」，變成像是能隨時改變形體的變形蟲。

雖然價值鏈分析被視為經營的基本法則，但你必須知道，在平台化的時代價值鏈的概念也正在改變。

（5）從「大量生產、大量消費模式」轉變為「循環型模式」

人們重視「體驗價值」更勝「擁有的價值」，若人們不再購買多餘的物品，企業也就不必再生產大量商品。

由於企業只要配合社會整體的需求進行生產、供給，因此「大量製造後，再丟棄賣不完的庫存」，這樣的浪費情況也會跟著減少。

平台的時代，也是相當環保的時代。

畢竟地球上的資源有限，若所有人的生活方式都跟先進國家一樣，那就必須有幾個地球的資源供我們使用。

過去，企業將「大量生產、大量販售」視為圭臬。然而，我們已經了解到，這

樣的做法對地球並不友善。

消費者開始會批判製造社會浪費的企業。例如，在日本每年到了節分這一天，超商和超市報廢大量惠方卷的行為，便引起許多批評聲浪。

在未來，**只有能夠消除整體社會浪費、為打造循環型社會付出的企業，才能提升社會價值和評價。**

若單純從公司的立場來看，或許會消極地認為「不大量生產，公司的事業規模會逐漸縮小」，但若將目光放眼整體社會，順應社會的價值觀變化，或許就能發現新的商機。

前面這些內容，都在說明「什麼是平台」。

看完這些介紹，你應該知道平台不單只是新的商業模式。平台的影響力大到可以從根本改變社會結構和企業經營，儼然已經成為我們生活中不可或缺的東西。

理解平台的本質，等於了解時代的變化。平台同時也是「讓企業了解未來該做什麼」的契機。

我希望你一定要知道，無論是企業或個人，都不能再說「平台和我沒關係」。

專欄

孫總裁在創業之初，就立志打造平台服務

軟銀在創業之初，就是一家平台導向的公司，這在日本是很稀有的。

孫總裁在日本創業的時候，總共想了約四十種生意。最後他選擇了軟體流通業。

因為該產業屬於平台事業。

就像我在本文中說明的，孫總裁將平台定義為「在一定的規則下串聯賣方與買方的場所」。

軟體流通業是連結廠商與買方的事業。雖然由於當時網路並不發達，因此並不算是電商，但軟體流通業完全可以說是平台式的事業。

況且，從公司名稱也可看出孫總裁的平台意識。

「Softbank＝軟體的銀行」，銀行即為具代表性的平台。銀行這個「地方」匯集了大量的小額存款，經過審查後貸款給需要錢的人。銀行在一定的規則下發揮平台的

作用，連結資金的供應者和需求者，孫總裁正是將對公司未來的想像寄託於此。

在這裡很重要的一點是，孫總裁並沒有選擇成為研發軟體的廠商。成為軟體製造商，就可能因為軟體的銷路好壞導致營運不穩定。雖然軟體熱賣可以賺大錢，但若滯銷則恐怕連成本都賠進去，造成嚴重虧損。

相較於此，若成為經營平台的批發商，就不必擔心各項產品的銷路好壞。由於平台上有很多廠商賣家，因此就算A公司的軟體賣得不好，只要B公司或C公司的軟體熱賣，仲介業者這門生意就做得起來。

也就是說，平台就是無論誰贏誰輸，你都能繼續生存。

孫總裁說過「我絕對不會去製作遊戲」，他會這麼說也是基於相同的理由。遊戲這種產品，有機會吸引大量玩家，也可能乏人問津。遊戲公司很難不斷推出叫座的遊戲，也許今年業績長紅，明年卻變虧損，所有遊戲公司都面臨過這種起伏劇烈的狀況。也常常發生營運困難，導致被其他公司收購或合併（請看一看遊戲公司的名稱。很多都是由好幾家公司的名稱組合而來的吧）。

因此，即使手機普及促進了遊戲產業的繁榮，孫總裁還是堅持不碰遊戲產業。

反之，他不但投入Yahoo! JAPAN的相關事業「雅虎拍賣！」、雅虎購物等平台事業，更搓合中國阿里巴巴集團的購物平台「淘寶」與Yahoo! JAPAN的合作，擴大軟銀集團的平台事業。

最近，PayPay電子支付服務則因大型現金回饋宣傳活動引起熱烈討論。

二〇一八年，軟銀與日本雅虎合資成立公司，推出電子支付服務。該服務透過無現金支付的平台，串聯商家與使用者。

■從軟體銀行進化至「平台銀行」

並且，孫總裁也成立投資基金，接連投資全球具有潛力的平台企業。

他不僅投資向汽車共享服務Uber投資八〇億美元，也投資中國的「滴滴出行」以及在東南亞市占率最高的「Grab」。

除此，他也將資金投入各種平台企業，包括印度的電子支付服務「Paytm」、中國的影音分享平台「TikTok」、美國線上不動產交易服務「Opendoor Labs」、德國的旅遊網站「GetYourGuide」等。

孫總裁或許已經超越傳統的平台概念，致力於建構一個「集結平台企業的平台銀行」。

在日本，平台這個詞才剛受到矚目，這不禁令我對孫社長領先時代的作風感到佩服。

②訂閱制服務

「訂閱制服務」作為消除整體社會「不合理、浪費、不均」的新商業模式，受到不少關注。

以一句話來解釋訂閱制的話，就是「為一定的使用期間支付費用」，而一般通常會將其認知為「定額制」。

支付固定費用即可觀賞平台上所有影音內容的Netflix、收聽所有音樂的Spotify、除了免運費之外，還可收聽豐富影片和音樂的Amazon Prime等，都是具代表性的訂閱制服務。

除此之外，各行各業也開始推出訂閱制服務，例如定額制的服飾、包包租借服務、家具家電租借、咖啡喝到飽、綜合有機蔬菜配送服務等。

雖然大家會覺得軟銀提供的ＡＤＳＬ服務「Yahoo! ＢＢ」和 iPhone 等智慧型手機服務，是最近剛出現的新商業模式，但其實這些服務也算是訂閱制服務。每個月支付固定金額即可使用網路和播打電話，就事業機制來看與 Netflix 和 Spotify 大同小異，只不過服務內容不同而已。

在過去的商業模式，基本上東西賣出去之後，消費者便擁有東西的所有權。採取定額制之後，就可以提供消費者「體驗價值」而非「擁有的價值」。

消費者不需要再買只聽一次的ＣＤ、只穿一次的衣服，而是可以在需要的時候，享受「聽音樂」、「穿新衣」的體驗。這樣的做法，可以消除消費者內心「不合理、浪費、不均」的感受。

這樣的商業模式，可說完全符合ＳＱＭ時代的思維。

不過，**並非只要採取定額制，生意就一定做得成。**

最近各行各業紛紛推出訂閱制服務，景氣呈現一片榮景，但應該只有少數業者能生存下去。

實際上，也有大型企業推出訂閱制的新服務後，很快就鎩羽而歸。

如果你天真地以為「採月額制就萬事OK了吧？」，那失敗的可能性也會很高。

訂閱制服務有哪些條件才能「穩贏不輸」

想利用訂閱制服務持續獲利，發揮該制度的價值，必須具備幾個條件。

我認為「能穩贏不輸的訂閱制服務，有下列三個條件」。

（1）不販售單一商品，而是站在消費者的立場，推出套餐服務

使用者使用單一商品時，並無法感受到商品的優勢。

「不同商品搭配使用起來非常方便又划算」，組合可以令使用者產生這種感覺的商品、服務及資訊，提供套餐服務才是訂閱制服務的本質。

Netflix 和 Spotify 為了符合使用者「想在網路上看電影和電視劇」、「希望隨時隨地都能聽音樂」的需求，推出了「影片＋網路播放」、「音樂＋網路串流」的

組合式服務。

二〇〇八年，軟銀在日本獨家販售的 iPhone，是將手機搭配行動通訊一起銷售，透過定額制的數據費用，提供綜合服務。

如果「軟銀只賣空機，通訊部分要與其他公司另外簽約」，使用者應該就不會像現在這麼多。

雖然最近有越來越多人買便宜的二手手機，再搭配便宜的SIM卡，但這種用戶在整體用戶中仍屬少數。將複雜的產品化繁為簡、推出簡便的套餐服務，才能吸引舊式手機的使用者，讓他們覺得「這麼簡單，我也可以用」。

也就是說，訂閱制服務也可以說是「站在使用者的立場，提升便利性，降低心理障礙，以獲得新用戶的商業模式」。

並且，套餐服務的內容，並不一定都要是自家公司的產品。

Netflix 也是最近才開始推出原創電影或電視劇，用戶觀看的大多數其他電視台或電影公司製作的影片。

軟銀也沒有製造 iPhone，而是由 Apple 供應手機。

依使用者的需求結合市面上既有的產品，打造出最適合顧客的組合，才是「成功的訂閱制服務」。

（2）除了吸引用戶長期訂閱之外，也要推出各種加值服務

訂閱制服務基本上是「為一定的使用期間支付費」，但實際上幾乎都是以每個月為單位設定費用。

以月為單位，設定讓用戶覺得「划算」的費用，吸引用戶長期訂閱以維持穩定的經營。

孫總裁說過「做生意要像牛的口水一樣細長而不中斷」，他說得一點都沒錯。商品或服務賣出去之後，就只賺一次錢，但訂閱制不同於這樣的交易方式，而是能夠從顧客身上得到穩定的獲利，因此能讓企業提升賺錢的效率。

並且，透過提供各種加值服務來提高客單價，也是訂閱制服務的強項。

二〇〇一年，軟銀一開始也是以二八三〇日圓的低價格推出ＡＤＳＬ服務「Yahoo! ＢＢ」時，也是以「數據機＋行動通訊」月租專案。後來獲得一定數量的用戶之後，才開始推出額外的服務。例如在Yahoo! ＢＢ上提供無線區域網路與

ＩＰ電話的套餐專案、網路電視「ＢＢＴＶ」專案等，成功提高客單價。

另外，透過提供具吸引力的加值服務，讓用戶「想戒也戒不掉」，留住用戶。日本雅虎的付費會員服務「Yahoo! Premium」，一開始為了增加會員，想要在「雅虎拍賣！」上刊登拍賣物品的都必須註冊為會員，現在則增加了很多會員專屬的優惠。

例如在雅虎購物上買東西，加送五倍點數、贈送各種折價券、不限次數閱覽雜誌和漫畫等加值服務，都讓用戶覺得「可以繼續使用」。

其實Yahoo! Premium的會費一直不斷調漲。二〇〇一年剛開始推出服務時，會費含稅為每個月二九四日圓，後來陸續漲到三四六日圓、三九九日圓。二〇一九年六月，不含稅為四六二日圓，再加消費稅則是五〇〇日圓。

儘管如此，用戶人數仍持續增加，會員ＩＤ數量在二〇一八年六月底時，增加至二〇四三萬個。以簡單的公式計算，每個月的營業額可達一〇〇億日圓，相當驚人（不過，軟銀用戶不用繳會費）。

只要提供足夠的價值，讓用戶感到「不用會吃虧」，不但顧客不會變心，還可以提高客單價，長期擴大事業的規模，這就是訂閱制服務的優勢。

而且，事業剛啟動時，加值服務並非是吸引顧客的必要條件，加值服務簋是用戶人數達到一定數量後，才須要推出的服務。

當然，你也可以一開始就推出各種加值服務，但大部分的人在事業剛成立之際，都沒有多餘的心力做這些事。加值服務是擴大訂閱制服務所需的條件。

（3）擁有會員ID與付款資訊

與第（2）個條件結合後就能成為訂閱制服務強項的，就是擁有會員的ＩＤ與付款資訊。

用戶註冊後，也會輸入個人資料和信用卡號等資訊。業者只要獲得這些資訊，就可以降低獲得新用戶的成本。

若是銷售個別產品的生意，必須砸錢持續獲得新客戶。然而，若採訂閱制的模式，只要獲得用戶的個資和付款資訊，就很容易留住顧客。

由於顧客已經完成註冊手續，因此當業者提供額外付費服務或調漲月費，用戶也會認為「換用其他業者的服務，還要重新適應太麻煩了，繼續用現在的比較省

■本書所定義的「訂閱制服務」

● 「能穩贏不輸」的訂閱制服務

1. 不販售單一商品，而是站在消費者的立場，推出套餐服務
2. 除了吸引用戶長期訂閱之外，也要推出各種加值服務
3. 擁有會員ID與付款資訊

● 訂閱制服務帶來哪些「經營上的變化」

1. 減少產品生產中的「不合理、浪費、不均」
2. 讓使用者無縫接受新科技
3. 讓使用者得以避險

事」，並接受業者的改變。長期下來，顧客就會形成前面所講的「戒不掉」的狀態。

例如，Amazon原本是販售書籍的平台。

後來，Amazon推出Amazon Prime會員服務，主打「加入會員，即可享免運費隔日發貨」的服務。

使用者若認為「反正經常買東西，免運費也算是賺到」，就會成為Prime的會員。接著，Amazon又陸續推出「Prime會員專屬的電影、影集觀賞服務『Prime Video』」，以及「Prime

會員專屬、不必額外付費的音樂收聽服務『Prime music』」。

用戶一開始只是為了買書才註冊和輸入信用卡資訊，後來卻可以享有觀賞電影、收聽音樂的服務。他們已經無法想像隔天發貨和指定送貨日期時間還要額外收費，並且使用其他影音和音樂服務還要花時間註冊。因此，他們會很樂意保持Prime會員的身分——。

Amazon以這樣的方式留住用戶、持續收費，並擴大訂閱制服務的內容。

若業者所提供的加值服務，附加價值高於用戶轉換平台的成本，使用者就會持續使用原本的服務。

Amazon Prime的年費目前為四九〇〇日圓。

二〇一九年四月一口氣從三九〇〇日圓調漲一〇〇〇日圓，之所以能一次漲這麼多，也是因為採用了能夠蒐集到會員個資與付款資訊的訂閱制模式。

眾所矚目的訂閱制服務

我以Amazon和軟銀集團等大企業為例子說明了訂閱制服務，不過與平台式企業一樣，能否成為訂閱制服務的提供者，與企業規模、知名度及業態等無關。

只要能站在使用者的立場，將市場上既有的產品、服務、資訊組合成有價值的服務，就能發展訂閱制服務。即使是小眾市場，只要符合用戶需求，就能持續向用戶收費。

因此，我要來介紹幾個我注意到的訂閱制服務。

◎Connected Robotics

這是以定額制提供機器人租借服務的新興企業。

該公司成立於二〇一四年，願景是「讓所有人都能與機器人共同打造美好又充實的生活」，目標是讓原本只出沒於工廠的機器人，也能出現在一般大眾的日常生活中。

目前，該公司以定額制提供餐飲界「章魚燒自動化系統」和「機器人霜淇淋機」。這類機器人幫助店家解決了人手不足問題。

雖然以前也有類似的烹飪機器人，但 Connected Robotics 導入了ＡＩ系統，讓機器人可以透過攝影機一一辨識章魚燒的上色狀況。由於機器人可以判斷翻面的時

■以定額制提供「烹飪機器人」租借服務

Connected Robotics https://connected-robotics.com/

面臨人手不足的外食產業對「烹飪機器人」的需求和關心越來越高。不過，過去由於費用昂貴，因此引進的門檻較高。但是，現在則有公司以每個月約20萬日圓的費用，提供「章魚燒自動化系統」的租借服務。幫助店家解決了人手不足問題。

資料來源：Connected Robotics官網

間點，因此不會發生上色不均的狀況。

機器人霜淇淋機則是可以由顧客從手機輸入想購買的霜淇淋尺寸，再由機器人擠霜淇淋並遞給顧客，因此就算沒有員工在場，也能販售霜淇淋。

除了機器人優異的性能之外，**更值得注意的是餐飲店每個月以二〇萬日圓就能租到機器人。**

購買機器人需要龐大的初期費用，餐飲店若沒有一大筆資金，是很難引進機器人的。因此，業者推出包含維修費在內的套餐組合，採訂閱制以固定的月租金出租後，就能降低餐飲店引進機器人的壓力。

就Connected Robotics而言，先增加使用者的人數，再每個月收費的話，就能穩定回收成本。

近來，也有Airbnb等旅宿也者開始採用早餐自動烹飪機器人。未來，該公司的目標是推出個人的定額租借服務。

◎WorldLibrary Personal

以定額訂閱該服務，每個月就能收到配合孩子成長需求所精選出的繪本。

該服務提供了適合一歲至七歲兒童閱讀的豐富繪本，每個月含運費在內，只要一二八〇日圓。註冊為會員時，系統會同時要求輸入信用卡資料，因此付款程序相當方便。

由於也有提供國外的繪本，因此小孩從小開始就能接觸到各國的文化和多元性。該服務提供的繪本來自各國，包括美國、歐洲、南美、南非、印度、東亞等。

即使父母想要配合孩子的年齡和發展挑選適合的繪本，不僅查詢要花時間，一本一本購買也很浪費時間。而且，父母既不是教育專家，更無法正確判斷哪一本對

■每個月都能收到精選的世界繪本

WorldLibrary Personal https://www.worldlibrary.co.jp/personal

以定額訂閱該服務，每個月就能收到配合孩子成長需求所精選出的繪本。該服務提供了適合1歲至7歲兒童閱讀的豐富繪本，每個月含運費在內，只要1,280日圓。挑出最適合孩子的繪本並宅配到家，讓父母完全不用操心。

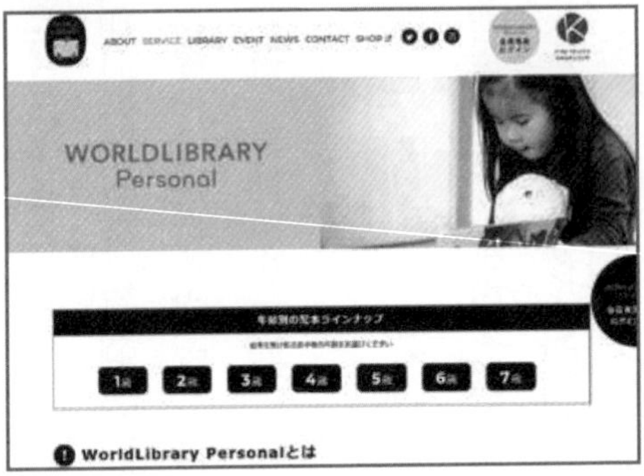

資料來源：WorldLibrary Personal官網

孩子的成長最有幫助。

該服務替父母完成這些事，挑出最適合孩子的繪本並宅配到家，讓父母完全不用操心。

我本身也有從事教育產業，因此格外留意到這個相當有意義的訂閱制服務。

◎「subsclife」

每個月費用五〇〇日圓起，就能利用該服務提供的各種設計家具。

使用期間從三個月～二十四個月，由使用者自行選擇，也可以延長使用時間。使用者還能購買用過之後，覺得不錯的家具。

由於服務內容也包含歸還在內，因此也不必煩惱怎麼處理不用的家具（須付歸還手續費）。並且，若因災害或使用不慎導致家具毀損，也可以更換家計，費用由業者負擔。

也就是說，這個商業模式提供了「家具＋配送＋回收＋補償」的綜合服務，並且讓使用者可以選擇購買家具，享有各種好處。

「有需要家具，但不知道會用多久」，有這種煩惱的人出乎意料地多。

因升學或工作搬到其他城市生活時，在還沒實際搬家之前，根本不知道需要哪些家具。有的夫妻雖然現在是兩人家庭，但有孩子之後，或許也會需要配合孩子的成長更換家具。

業者看到消費者這樣的需求，站在消費者的立場推出套餐式的家具訂閱制服務。

◎ADDress

這是以定額入住日本全國空屋和閒置別墅的訂閱制服務。

含水電費在內，每個月的費用從四萬日圓起，可自由使用平台上刊登的房屋。

■設計家具的訂閱制服務

Subsclife https://subsclife.com/

每個月費用500日圓起，就能利用該服務提供的各種設計家具。「家具屬於昂貴商品，因此想要用過之後再決定要不要買」，業者看到消費者這樣的需求，站在消費者的立場推出套餐式的家具訂閱制服務。使用者用過後如果覺得不錯，也可以直接購買家具。

資料來源：Subsclife官網

由於並非一間房子限定一人使用，因此若有多人預約同一間房子，就會變成多人共同入住，實質上算是「分租公寓的訂閱制服務」。

二〇一九年七月底，在東京、千葉縣、群馬縣、福井縣、德島縣、山梨縣等十七個縣市推出該服務，未來也將依序擴點。

不想定居在一個地方，想住哪裡就住哪裡。該服務吸引的大多是擁有這種想法，會員人數和登錄物件也持續增加中。

由於房屋皆有供應浴巾、肥皂等盥洗用品、家具、家電、Wi-Fi 等設備，因此使用者只要預約並前往租屋處即可。使用者帶著最輕便的行李，就能輕鬆入住。

該服務透過提供「住宅＋生活所需用品」的套餐服務，徹底實現了「不在意擁有的生活」。

租屋者可以在個人的房間內保有隱私權、在公共空間與同居者或當地人交流、體驗當地的文化，這些都是該服務所提供的價值。

透過這個訂閱制服務，月繳四萬日圓起（含水電費）就能入住網站上登錄的所有日本房屋、閒置別墅。由於房屋皆有供應浴巾、肥皂等盥洗用品、家具、家電、Wi-Fi 等設備，因此使用者只要預約並入住即可。該服務可有效解決空屋的問題，因此受到日本地方政府的注意。

就這層意義來講，這項訂閱制服務呈現了「從擁有的價值轉型到體驗價值」的時代變化。

同時，**由於日本也正面臨空屋、廢棄屋等社會問題，因此該訂閱制服務也是有效消除這種浪費的方法。**

地方政府注意到這樣的商業模式，滋賀縣大津市公布將與 ADDress 合作，使用琵琶湖沿岸的閒置企業旅館作為辦公據點。

■月付4萬日圓，住遍日本全國的房子

ADDress https://address.love/

透過這個訂閱制服務，月繳4萬日圓起（含水電費）就能入住網站上登錄的所有日本房屋、閒置別墅。由於房屋皆有供應浴巾、肥皂等盥洗用品、家具、家電、Wi-Fi等設備，因此使用者只要約並入住即可。該服務可有效解決空屋的問題，因此受到日本地方政府的注意。

資料來源：ADDress官網

ADDress除了是訂閱制服務之外，也是媒合「房東」與「房客」的平台。

並且，他們也與ANA（全日空）合作，以實驗性質限時推出機票含住宿的方案。

在全國各地搬來搬去，當然也需要交通工具。因此，提供「住宿＋交通工具」的套餐服務，就能更符合使用者的需求。

該服務因為有助於地方活化而受到關注，多數出資者也都是天使投資人（Angel Investor），由此可見具有相當的成長潛力。

「餐飲業的訂閱制經營」所面臨的課題

我在前面提過「能穩贏不輸的訂閱制服務」必須具備三個條件，但我們也可以看到有些訂閱制服務根本不符合這三個條件的任何一項。

最具代表性的，就是咖啡無限暢飲和拉麵吃到飽等餐飲店的訂閱制服務。

由於這些餐廳僅供應自家料理，因此並沒有提供套餐化的服務。他們也沒有在網路上販售餐點，因此也很難獲得顧客的個資和付款資訊。幾乎也都沒有推出額外的服務。

況且，以餐飲店來講，如果用定額制提供無限暢飲或吃到飽的服務，當顧客使用頻率越高，食材等成本費用也會跟著增加。每個月的營業額固定，成本卻增加的話，代表獲利也會下滑。

供應影片、音樂等數位內容，用戶增加並不會導致成本變高。一部影集不管一個人或一萬人觀賞，業者的成本幾乎不變，因此是收益率很高的行業。

雖然大量採購食材有助於降低成本，但成本再怎麼降還是有一個限度。這就是餐飲界必須面臨的課題。

其他產業如果也是供應自製商品的業態，也一樣會有這樣的問題。

然而，我並非建議餐飲店避開訂閱制服務。如果能讓顧客覺得划算，或許就能在競爭激烈的餐飲界中殺出一條血路，增加來客數。如果其中有幾成的顧客能變成常客，就算利潤低還是可以維持穩定的收益。

最重要的是，如果要推出訂閱制服務，就要採取能獲利的策略。

餐飲店若要推出訂閱制服務，至少要符合前面「能穩贏不輸的訂閱制服務」三要件中的「套餐化」和「加值服務」這兩項。

●餐飲界的套餐化

案例　吉野家與花丸烏龍麵的「聯名通行卡」

該服務的使用期限為二〇一九年四月一日至五月六日。

消費者購買一張三〇〇日圓的通行卡，在吉野家消費就能單筆折扣八〇日圓，在花丸烏龍麵則可以享受烏龍麵搭配天婦羅折價一〇〇日圓的優惠。當然，在有效期間內可以無限次使用。

這樣的服務即符合「站在使用者立場推出套餐化服務」的條件。因為該服務結合了牛肉蓋飯和烏龍麵兩種業態，並且不限定菜色，讓消費者可以任選餐點。

牛肉蓋飯和烏龍麵的共通點是「便宜好吃分量飽足」，吉野家和花丸烏龍麵的消費者，或許有很大一部分是重疊的。對於原本就會吃這兩家餐廳的人來講，可以在這兩家店共用的折價券，就像是套餐化服務，讓他們感到「既方便又划算」。

而對於餐飲業者來講，推出聯名卡的優點還包括若消費者的使用次數增加，也可以共同分擔增加的成本。多家業者推出套餐化服務，可以降低顧客光顧單一店家的次數。

由於該服務為期間限定，因此我們也可以猜到業者希望試試水溫，評估這樣的服務是否能獲利，不過，餐飲店若想推出訂閱制服務，與其他店家合作不失為一個有效的方式。

● 餐飲界的加值服務策略

案例 Coffee Mafia（咖啡黑手黨）

月費共分為三〇〇〇日圓、四八〇〇日圓、六五〇〇日圓三種方案，目前在東京共有三家分店提供該服務（四八〇〇日圓方案僅限銀座分店）。

據說開業後顧客來店的頻率超過預期，導致成本暴增難以獲利。

因此，業者開始加強加值服務，推出甜甜圈等副餐。業者透過店員的積極推銷促使顧客「加購」，成功提高了收益率。

並且，業者在飯田橋分店也有提供外帶的咖哩和便當，月費會員購買時還能享有二〇〇日圓的折扣。「既然有折扣，那就加購便當好了」，以這樣的方式刺激消費者的購買慾。

設定不同等級的費用，費用越高享有的服務選擇越多，也是很聰明的機制。

月繳三〇〇〇日圓的會員，暢飲的選擇只有「一般咖啡」，但月繳六五〇〇的會員，則可以選擇包括精選豆子研磨的精品咖啡、水果冰沙等在內的所有飲品。

一開始選擇三〇〇〇日圓方案的消費者，偶爾也會想要喝咖啡以外的飲品。在這種情況下，若業者提供「費用較高但選擇更多」的方案，有些消費者就會覺得「那升級成六五〇〇日圓的方案比較划算」。

就像這樣，利用加值服務策略提高客單價，就能拉高收益率、增加獲利。

訂閱制服務帶來哪些經營上的變化

與平台一樣，訂閱制服務的規模擴大之後，業者也必須因應時代的變化改變經營方式。

訂閱制服務所帶來的經營變化，主要包括下列三點。

（1）減少產品生產中的「不合理、浪費、不均」

採定額制，可以更精準的預測顧客人數。

因此，業者可以配合需求，生產所需的數量，降低產生庫存和報廢的風險，以更便宜的價格供應品質更好的產品。

當然，每位顧客的使用頻率不一，但經過一定期間累積一定的數據後，就能精準預測。

保持穩定的營運，有助於業者提升效率和降低成本。就這一點來看，能夠從生產到供給，穩定整體流程的訂閱制服務，是有助於品質管理的商業模式。

（2）讓使用者無縫接受新科技

就算企業研發出新科技，推出「便於使用者使用的產品或服務」，也未必可以讓廣大的消費者接受。

這是因為消費者在接受新產品或服務時，會面臨成本和知識方面的門檻。

由於業者提供的是新技術和服務，因此剛推出時，單價一定會比較高。並且，也因為是全新的技術，因此了解新技術和知道如何使用的人很少。

因此，對於這樣的新產品和服務，消費者通常會覺得「價格貴，又不知道到底是什麼，所以不想買」。

將必要的功能套餐化，讓人人都能輕鬆上手，並定額制的方式平價提供服務，就能大幅降低消費者的心理抗拒。

以前面的 iPhone 案例來講，iPhone 剛在日本上市的時候，如果軟銀告訴消費者「軟銀只賣空機，通訊部分要與其他公司另外簽約」，那麼只用過傳統手機的消費者，就會覺得「好像很麻煩，不太清楚要怎麼用，算了」。

但軟銀推出「手機＋通訊」的方案，每個月收取固定的平價費用，讓日本國內的iPhone使用者一口氣大幅增加。

軟銀以前推出衛星電視「SKY Perfect!」的時候，也以定額制服務的方式提供「Club iT」方案，方案費用包括專用調諧器和天線的安裝，以及月繳的收視費。

對於當時習慣看第四台的觀眾而言，衛星電視和多頻道的數位電視，屬於「未知的新科技」。而且，由於初次使用還要請業者來施工，因此很難吸引消費者。

察覺到使用者需求的孫總裁，將「調諧器＋安裝＋收視費」組合成套餐，告訴消費者「只要提出申請，就能立刻收看豐富的節目」。

訂閱制服務的推出，降低了消費者的使用門檻。

若想提供全新的技術和服務內容，訂閱制服務是有助於獲得新顧客的最佳策略。

（3）讓使用者得以避險

這一點與（2）正好相反，訂閱制服務是有助於使用者避險的商業模式。

由於是採月費制，因此消費者可以「先試用一、二個月之後，再考慮要不要續訂」。

若消費者購買的是買斷型的商品和服務內容，一旦發現不如想像中好或者很難用，也只能選擇繼續用或丟掉。就算產品或服務的價值與價錢不符，成本也只能自己吞了。

但訂閱制服務可以避免這樣的風險，消費者可以隨意體驗各種不同的產品和服務。

反過來講，消費者試用後，若覺得不錯，就會繼續使用該服務。

因此，站在使用者的立場設計訂閱制度服務非常重要。

③個人化服務（高附加價值化）

個人化服務是指因應個人需求，推出高附加價值的服務。

過去的服務和內容通常是以統一規格或標準出現，而個人化服務則考量顧客的屬性、行為、喜好、生活方式等個別差異，提供最適合的服務。

個人健身課程「RIZAP」就是個人化服務的例子之一。

依照每一位顧客的目的、目標、年齡及體力設計健身課程，由教練進行一對一的指導。一般健身房的會員，大家都是使用相同的健身器材和接受相同的課程，而個人化服務則是配合個人需求，打造最適當的課程。

我們公司提供的家教型英語學習課程「TORAIZ」，也是個人化的服務。

「想要能和外國人開會」、「希望可以接待外國觀光客」、「想要到國外發表論文」等，依照個人學習英文的目的或學習環境，提供個人化的學習課程。

每位學生所使用的教材和課程內容也都不一樣。

傳統的英文補習班，提供的是固定的課程和教材，但TORAIZ則依照個人需求，提供最適當的課程。

邁入「個人化服務」的時代

以前，消費者只能從賣方所提供的服務中，盡量選擇最符合自己需求的產品。「其實如果可以這樣更好……」，就算覺得產品哪裡不夠好，如果找不到完全符合自己需求的產品，也只能妥協。

也就是說，**「人配合服務」是傳統的交易方式。**

然而，消費者購買這樣的產品或服務，到最後一定會覺得不滿，又再重新尋找「其他更適合自己的產品」。並且，試過其他的服務後，如果還是找不到適合自己的產品，就會直接放棄。

消費者浪費了金錢和時間，最後還是買不到自己真正想要的東西。我想很多人

■「服務配合人」的時代

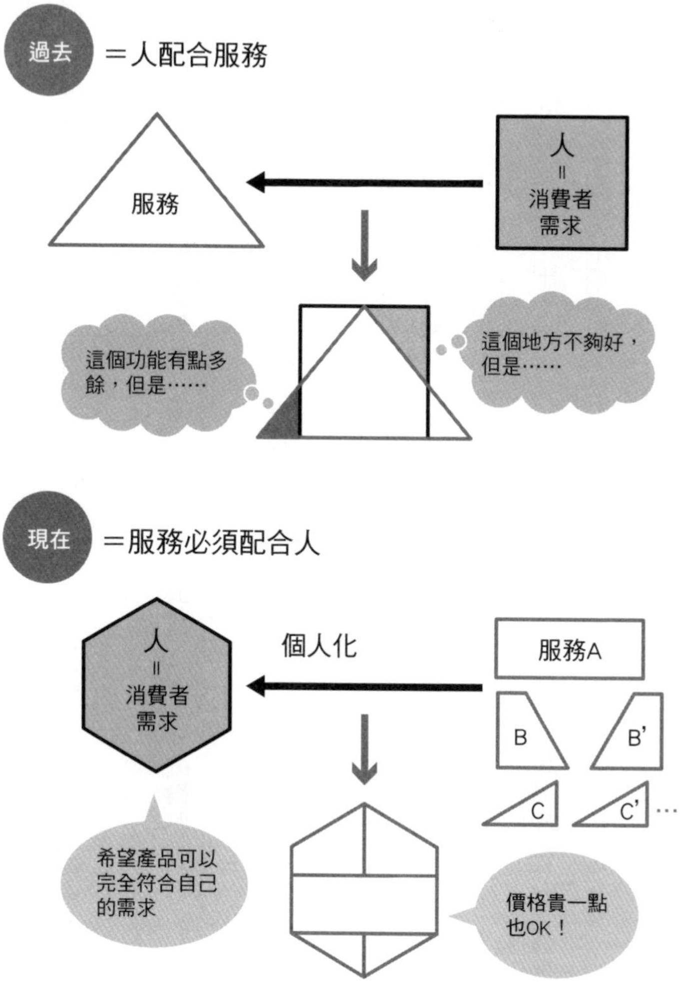
過去
＝人配合服務
服務
人
＝
消費者
需求
這個功能有點多餘，但是……
這個地方不夠好，但是……
現在
＝服務必須配合人
人
＝
消費者
需求
個人化
服務A
B
B'
C
C'
…
希望產品可以完全符合自己的需求
價格貴一點也OK！

都有過這樣的經驗。

但是，進入個人化服務的時代，就可以變成「服務配合人」。由於可以買到百分之百符合自己需求的「獨一無二服務」，因此消費者不必浪費多餘的錢、時間及心力。

個人化服務也是可以消除整體社會「不合理、浪費、不均」的機制。

個人化將從「網路世界」升級至「真實世界」

「個人化」的思維，原本發源自網路世界。

基於使用者的搜尋紀錄和購買紀錄，顯示相關性高的廣告和服務內容，這樣的機制目前也廣泛應用於網路中。

從龐大的網路資訊中，按特定主題蒐集、整理資訊的策展媒體（curation media）也是調性與個人化相當符合的商業模式。

以專攻經濟資訊的策展媒體「NewsPicks」來講，使用者只要選擇自己有興趣的關鍵字和作者，網站就會顯示符合使用者需求的文章。

雖然個人化發源自網站，但近來真實世界也開始依照消費者的個人差異推出最適合的服務，就像RIZAP和TORAIZ。

讓我來介紹幾個例子。

◎ONWARD「KASHIYAMA the Smart Tailor」

這是大型服飾公司ONWARD控股公司於二〇一七年推出的服務。

以三萬日圓起的實惠價格，就能買到高品質的訂製西裝，而且最短一周就能收到貨。

量測個人身形和尺寸、訂製個人專屬的西裝，雖然這樣的服務算是經典的個人化服務，但裁縫師每一件西裝都必須從紙樣裁剪圖開始做起，既耗時耗工，工錢也貴。

因此，訂製西裝的費用較高，一般人只能盡量從成品當中，選擇適合自己身形的西裝。

為了解決這樣的缺點，從顧客下單到生產，該服務徹底將整體流程效率化。

顧客可以到離自己最近的實體店量測尺寸，尺寸會自動轉換為CAD數據，傳送

■3萬日圓&1周，即可買到訂製西裝

KASHIYAMA the Smart Tailor https://kashiyama1927.jp/

以3萬日圓起的實惠價格，就能買到高品質的訂製西裝，而且短1周就能收到貨。以顛覆常識的低價和迅速交期，攏獲消費的心。推出該服務的NWARD控股公司強勢公開目標，表示「要讓2020年的營業額達到100億日圓」。

資料來源：KASHIYAMA the Smart Tailor官網

至ONWARD在中國的直營工廠。過去，由於溝通都是透過紙本或傳真，因此光是將訂單送到工廠，就要花上好幾天，有了先進的系統後，便大幅縮短了溝通的時間。

再者，該服務也提高物流的效率，利用獨家技術壓縮西裝，將包裹大小控制在最小。將成品由中國的工廠直接寄到顧客手上，成功減少檢查的次數和郵寄費用，也降低了物流的天數和成本。

藉此實現了「三萬日幣起，最短一周」的驚人價格和交期。

由於用平實的價格就能買到訂製的合身西裝，因此非常受三十幾歲

和四十幾歲族群的歡迎，自推出該服務的一年半，二〇一九年二月的營業額即達到三十七億日圓。由此可見，新穎的訂製西裝服務型態，越來越受到消費者的喜愛。

◎「智慧魔鏡」

「智慧魔鏡」（Smart Mirror）是美容業和家電業目前正在著手研發的最新技術。

智慧魔鏡是利用感測器和攝影機所拍攝的影像進行肌膚分析，再提供個人專屬的保養和彩妝用品。消費者坐在鏡子前，攝影機就會拍下臉部影像，讀取膚質和肌膚內部狀態。

資生堂自二〇一七年七月起，就在GINZA SIX店以「數位諮詢魔鏡」（Digital Counseling Mirror）之名，引進智能魔鏡。**透過觸控螢幕點選畫面上的面容，就會顯示肌膚分析結果和適合的產品等資訊。**使用者以手機掃描QR碼，便可以把資料帶回家。

過去，消費者通常是基於自己的喜好、經驗，或採納專櫃美容顧問的建議來進行保養。然而，自己的判斷經常有失客觀，而美容顧問的諮詢服務品質又不一，因此消費者很難找到真正適合自己的彩妝或保養品。

智慧魔鏡採用AI、IoT、數據分析等科技，依照個人差異提供顧客最適當的資訊。

美容產業的個人化服務如火如荼進行中，除了日本廠商Panasonic有在研發相關技術的應用之外，其他國外廠商也已經運用智慧魔鏡的技術，推出適合一般消費者使用的家電用品。

不進行個人化，就無法滿足消費者的奢侈心態

從這兩個例子我們可以看到，全球之所以能推廣個人化服務，絕對是拜科技進步所賜。

IT和AI的進步，使得我們可以更容易取得、分析每位顧客的詳細數據，並且導入先進的系統，提高製造流程和物流的效率，打造完善的環境，隨時提供顧客所需。

除此之外，消費者的需求也越來越奢侈。

科技讓「更便宜、更快速、更方便」顯得如此理所當然，並且人人都能享受過

去只有有錢人才能擁有的服務。

基於此，「向所有顧客提供相同服務和產品」的傳統交易方式，已經無法滿足消費者。在這個時代，身為賣方的企業若無法提供「絕無僅有的專屬服務」，就無法生存下去。

無論哪個產業都是如此。就像前面提到的時尚和美容產業，乍看之下似乎與科技扯不上關係，但若不利用科技研發高附加價值的服務，很快就會被消費者淘汰。

由服飾購物網站ZOZOTOWN推出的「ZOZOSUIT」，只要消費者穿上這套專用的緊身衣，透過手機APP拍攝全身，就能迅速量測身體尺寸，並且訂製西裝，少了科技就不可能有這樣的服務。雖然ZOZOSUIT由於不時發生瑕疵品和延遲發貨的問題，被認為是失敗之作，但這樣的方向絕對是正確的。

未來，ZOZOSUIT並不需要放棄個人化服務，而是運用ZOZOSUIT蒐集到的使用者數據來擴大服務，讓使用者只需輸入身高、體重、年齡、性別等資料，系統就能提供尺寸建議。

TORAIZ也有自己的聊天系統，記錄學員與講師的上課過程以及與顧問之間的通話紀錄，蒐集龐大的資訊後，透過內部資訊共享，提供學員量身打造的課程。

無論是任何產業，想要提供量身打造的服務，都必須應用科技。**反而是提供實體服務的企業，若沒有及早運用 IT 或數位技術發展個人化服務，事業就難以長存。**

由於這一點攸關企業存亡，因此我希望企業能正視這個課題。

利用SQM打造成功事業的「三個重點」

我在前面已經解說了為什麼需要SQM思維，以及如何將SQM具體化的關鍵字。

延續前面的說明，我整理出如何在現在這個時代，運用SQM思維發展事業的重點。

（1）不用與過去切割。只要改變觀點

就像我說過的，想要透過SQM觀點發展事業，並不需要拋棄過去的經驗、技術及知識。

「SQM」與「TQM」的差異，不過是看待事物的觀點不同罷了。

這兩種思維並不是完全異於彼此，而是從同一條線延伸出來。

SQM指的是將過去僅於公司和工廠共享的看板資訊，透過IT應用至整個社會。

因此，只需要改變品質管理的範圍，企業的職責基本上一樣。

消除公司和工廠的「不合理、浪費、不均」，提高效率，即時將所需物品提供給需要的人和地方，提升人力、機械及設備等的生產力。

這是日本企業向來擅長做的「全面品質管理」，未來只要轉換思考模式，想一想能否將這個機制「用來消除整體社會的『不合理、浪費、不均』」。

「該怎麼做才能將散落社會各處的人力、物資及資訊等，在需要的時候即時提供給需要的人和地方，提高整個社會的生產力？」

請思考這個問題。

任何產業和業種，即使是製造業，只要改變思維模式，就能產生新的想法。

將新想法結合日本企業本身具備的效率化、合理化及最適化的經驗和知識，就能打造最強的事業。

SQM並不否定過去的實績和事業。

SQM可以讓日本企業在這個時代發揮身本具備的優勢，讓公司更加茁壯。

（2）既存企業要在「自己的領域」中重新思考

新創企業在發展新事業時，是從零開始無限制地發想。

而已經有既存事業的一般公司，在構思新事業時，從與公司事業相關的產業和領域中，思考是否存在著社會的「不合理、浪費、不均」，是比較實際的作法。

汽車廠商可以思考「汽車在社會中所形成的『不合理、浪費、不均』」、食品廠商是「食品在社會中所形成的『不合理、浪費、不均』」、補習班業者則是「教育在社會中所形成的『不合理、浪費、不均』」。**在自己關心和了解的領域**中，比較容易查覺到浪費的部分，發展相關事業時，也才能活用過去的經驗和知識。

當然，將事業想法具體化的過程中，想法會越來越多，甚至擴大至相近的領域。這種時候，新想法與原本的事業之間也會有一定的相關性，因此既存事業的經驗絕對可以派上用場。

（3）避免從自家公司的產品去延伸思考

這一點看起來似乎與（2）矛盾，但其實非常重要。

我們可以從既存事業中去尋找社會的「不合理、浪費、不均」。

但是，在思考如何消除「不合理、浪費、不均」的時候，則不能從公司的產品去發想。

我們必須以需求為圭臬。

也就是說，應該站在使用者的角度去思考。

例如，汽車廠商的員工注意到「社會中有太多閒置、被浪費的汽車」。這就是站在使用者角度所觀察到的事實。

那麼，在思考如何消除這樣的浪費時，若想到方法是「建立一個平台讓擁有自家公司汽車的車主註冊，並借出不用的汽車」，這樣的答案就稱不上是SQM思維。

從使用者的角度來看，使用者只想在「需要車的時候能租到車」，不管是A廠牌、B廠牌或C廠牌都好。限定汽車廠牌，會減少租借的車輛數，也會限縮使用時間和場所，徒增不便性。

從自家公司的產品去思考，會減少使用者的好處。

使用者不必選擇不便的服務自找麻煩，他們會認為「那我就近到附近的車行租車就好了」。

單一手機 APP，就能搭乘所有交通工具的服務

在這裡很重要的一點是，不要被公司的產品限制住，而是去思考怎麼做才能造福使用者。乍看之下，短期內似乎無法為公司帶來獲利，但是這樣的做法到最後卻可以抓住使用者的心，打造「穩賺不賠的事業」。

推出這樣的服務時，對使用者而言，有越多車款選擇當然越方便。因此，汽車廠商應該直接建立「讓使用者可以借到所有汽車廠牌的平台」。

若再深入思考，就能想到「使用者的需求是可以即時獲得交通工具，因此除了汽車之外，若能結合公車車票和腳踏車租借的服務，就更方便了」。

或者，也能想到「外國遊客大多搭乘巴士進行長距離的移動，因此以定額制推出日本全國的巴士無限搭乘券，應該也不錯」。

■單一手機APP，就能搭乘所有交通工具的服務

Whim　https://whimapp.com/

在芬蘭首都赫爾辛基非常受歡迎的手機APP。使用者可以從電車、計程車、巴士、私家車、共享腳踏車等各種交通工具中，選擇適合自己的交通工具、搜尋路線、預約並付款。除了逐筆付款之外，也有定額的包月方案。在赫爾辛基，每六人當中就有一人下載該APP。

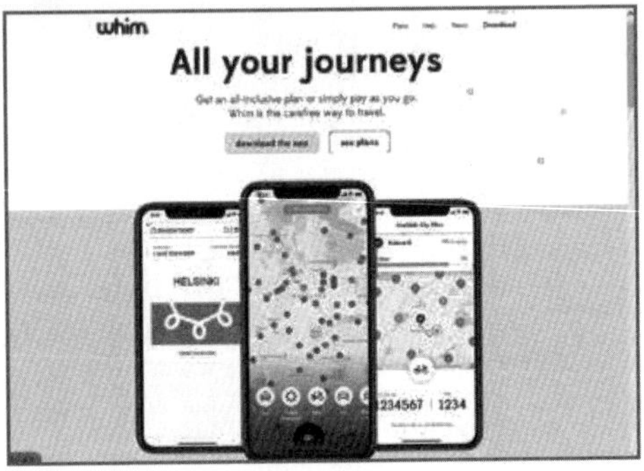

資料來源：Whim官網

儘管在思考解決方法的階段，所想出來的方法都已經超越「汽車」的領域，卻也都具備發展成事業的價值。

在芬蘭，已經有可以搭乘所有交通工具的服務「Whim」，只要下載手機APP，就能利用私家車、腳踏車、計程車、公車及電車等。在首都赫爾辛基，該服務已經成為居民的主要交通工具平台，每六人當中就有一人下載該APP。

當自己身為使用者，不覺得「真希望日本也有這樣的服務」嗎？

不過，若站在企業員工的立場去思考，就會認為「必須讓使用者搭

乘自家品牌的車」，被限制在框架內。由此想出的服務，當然無法符合消費者的需求。

在芬蘭首都赫爾辛基非常受歡迎的手機APP。使用者可以從電車、計程車、巴士、私家車、共享腳踏車等各種交通工具中，選擇適合自己的交通工具、搜尋路線、預約並付款。除了逐筆付款之外，也有定額的包月方案。在赫爾辛基，每六人當中就有一人下載該APP。

如何從「公司觀點」轉變為「使用者觀點」

「不將服務範圍限縮在自家公司的產品」可說是SQM思維的基本法則。

前面介紹過的三個關鍵字「平台」、「訂閱制服務」及「個人化服務」，每一種都是從使用者立場出發的商業模式。

讓使用者可以即時買到需要的東西、將產品或服務組合成套餐，以及為個人量身打造最適合的服務。如果摻入「企業立場」，就會失去平台、訂閱制服務及個人化服務的真正意義。

豐田汽車雖然以定額制推出車輛訂閱服務，但美中不足的是租借車款僅限Lexus 和 Prius 等豐田汽車。如果業者能站在使用者的立場來思考，或許就能推出「不限廠牌的汽車租借服務」。

從豐田汽車的角度來看，這樣的服務等於是「讓顧客有機會開競爭廠牌的車」，不過，如果使用者不使用服務，業者連一毛錢都賺不到。

與競爭對手攜手合作，提供對使用者謀得最大福利的服務，或許就能吸引共享汽車的使用者「試著擁有自己的車」。

基於這樣的想法，豐田汽車與軟銀合資成立的新公司「MONET Technologies」，除了已經獲得本田汽車（Honda）和日野汽車（Hino）出資之外，馬自達（Mazda）、鈴木汽車（Suzuki）、大發汽車（Daihatsu）等日系車廠也宣布共同出資。

MONET成立於二〇一八年九月，結合豐田汽車的車輛數據資訊和軟銀的IoT平台，目標是打造嶄新的行動工具服務。

日本在汽車共享服務和自駕車技術等方面的發展已落後國外，有鑒於此，日本車廠無不產生高度的危機意識，也不能再將服務侷限於自家公司的產品。

未來，所有的產業都必須走出公司，與其他業者聯手合作。

企業不能只顧慮自家公司的產品，而是要以使用者為出發點。

在這個時代，唯有這麼做才能讓公司獲利。

「假扮孫總裁」，切換思考模式

不過，就算我說「不能只顧慮自家公司的產品，要以使用者為出發點」，實際上做起來並沒有那麼簡單。

尤其是原本就已經建立起事業基礎的大型企業，「除了站在消費者的立場之外，也要保護自己的公司和產品」、「儘管了解顧客的重要性，但也必須考量公司狀況以及與競爭業者的角力關係」。

因此我建議「乾脆把自己當作孫總裁來思考問題」。

你可能會覺得我在講什麼鬼話，不過只有這樣做，才能跳脫思考的框架，回到一張白紙的狀態重新思考。

我自己也經常站在「如果是孫總裁，他會怎麼做？」的立場去思考。

如果用我自己的腦袋去思考，就會落入「想不出其他方法」、「應該不能這樣做吧」的想法，但若設想「如果是孫總裁，他會怎麼做？」，就能蹦出其他的答案。

「雖然我擔心會對既存事業造成影響，但如果是孫總裁，他應該會毫無畏懼地發展新事業」。

「雖然我擔心風險所以想打退堂鼓，但如果是孫總裁的話，他一定會奮力一搏。」

像這樣，用孫總裁的腦袋去思考，就能推翻我原本的刻板觀念和決定。

因此，在第二章，我要教大家如何重置大腦，讓自己擁有「孫總裁腦」。

想要落實SQM，必須擁有新思維。改變思維，靈感就能源源不絕。

你需要做的，就是切換思考模式。

從下一章開始，我要介紹讓你擁有孫總裁腦的「七個商業新常識」。

第 2 章

換成
「孫總裁的腦袋來思考」！
——7個商業新常識

隨著時代改變，消費者的價值觀和行為也會跟著改變。

過去的常識都會變成非常識，非常識則有機會變成常識。全世界都在發生這樣的典範轉移現象。

這麼一來，若提供商品和服務的企業以及企業員工無法轉換思考模式，就無法創造讓顧客滿意的價值。

然而，改掉長年的思考習慣並不容易。尤其是在傳統大型企業和成熟產業工作的人，很難有機會除刻板觀念和主觀想法。

因此，我建議大家**「假裝自己是孫總裁」**。

孫總裁的經營手法總是被說是「異類」。因為與存在於日本企業的常識背道而馳。

但是，那是因為孫總裁從創業之初，就秉持著ＳＱＭ的思維展開行動。並且，直到現在，時代才終於追上了孫總裁的思想。

未來，孫總裁的常識將成為「做生意的新常識」。

我將在這一章介紹這些新常識。

請大家也假裝自己是孫總裁，切換思維模式。

在「低成長時代」中穩定成長的軟銀集團

就像我在第一章說明過的，ＳＱＭ時代的來臨，大幅改變了消費者的價值觀和企業的經營方法。

過去的標準做法，在這個時代已經不適用。

未來，必須拋棄舊常識、應用新常識才能打造「穩贏不輸的事業」。

話說回來，日本有一位從幾十年前開始，在經營上老早就跳脫常識的人。

沒錯，這個人就是軟銀集團的孫正義總裁。

孫總裁自一九八〇年代創業時，就已經意識到平台的重要性，超越組織框架、致力於消除整體社會的「不合理、浪費、不均」，發展多種事業，他的經營手法，簡直領先走在ＳＱＭ時代的前端。

在日本無法擺脫低成長、走向失落的三十年之際，軟銀之所以能維持穩定的成長，全靠孫總裁能以異於常識的思考與行動所賜。

如果你想要擺脫在不知不覺限制住你思考的舊常識，並切換思考模式，孫總裁將是會最佳的學習對象。

因此，從這一章起，我要介紹「孫總裁的常識＝SQM時代的商場新常識」。

過去，孫總裁的想法和行動被日本社會視為「特立獨行」，但其他人或企業在未來若無法將他的特立獨行當作「常識」並落實，就無法打造必勝的事業。

為了達到這個目的，我們必須啟動七個「思考開關」。

那麼，請趕快切換為「孫總裁模式腦」吧。

思考開關①

舊常識：必須擁有自己的「人力、物力、資金」
新常識：先有點子，再運用社會中的「人力、物力、資金」

我們常說，「人力、物力、資金」是事業的基礎。

當然，這一點到現在也一樣。少了這三項經營資源，還談什麼事業。

不過，有一點與過去不一樣。

那就是「現在，只要你有好的創業想法，『人力、物力、資金』就會跟著來」。

在以前，如果你要創業，一定得先自己籌配到這些資源。

然而在現在，這之前，「一個好的創業想法是否具有成長潛能」才是勝負關鍵。

例如以「資金」來講，即使是缺乏創業經驗的大學生或資淺的社會新鮮人，只要能夠想出讓創投公司或天使投資人「覺得不錯」的事業點子，都能夠獲得資金的援助。

當然，或許無法立刻獲得巨額的投資。

但是，就像我在第一章也說過的，在現在這個時代，就算沒有擁有大量的資源，還是可以經營事業。因為只要能即時籌措到所需的人力、物力及資金，就算每次獲得的資金不多，還是能啟動事業。

因此，出資者也能在比較沒有壓力的狀態下投資。由於出資金額不大，投資者的風險相對小，所以投資者就會考慮「如果是有發展性的事業，投資看看也無妨」。

我在第一章介紹的「定額住到飽的訂閱制服務」ADDress，也獲得很多天使投資人的投資，我曾經問過其中一位投資者這樣的問題。

我說，「這確實是一個很有趣的事業，但未來是否能發揮規模經濟的效益呢？」，當我問他投資者會不會擔心這個問題的時候，他一派輕鬆地說「符合時代潮流，想法有趣，很不錯啊。」

以前無論是創業者或出資者，都是抱著「不是生就是死」的覺悟創業，但時代已經不同了。

「Idea is King」是SQM時代的新常識

「人力」的部分也是如此。

現在，頂尖學校出身的東大學生，就業的第一目標不再是公務員或大型企業，而是充滿朝氣的新興公司。很多學生畢業後，也會想要「先在外資公司當顧問磨練三年，再自行創業或參與新創事業」。

越優秀年輕的新鮮人，「越想要做有趣或對社會有貢獻的事情」，只要能實現這樣的理想，他們根本不在意公司的名聲響不響亮。這就是年輕世代的價值觀。

因此，只要創業想法夠有趣，就能吸引到人才。

我們也不必再大量儲存「物力」。

我們不必像以前一樣添購大量設備在工廠製造產品，並且可以以低成本利用雲端打造平台和增進效率的系統。

既然沒有自己的設備和基礎設施，就不需要寬廣的辦公室空間。在日本，只要使用據點漸漸擴增的WeWork等共享辦公室服務，不必砸大錢就能擁有舒適的工作環境。

因此，「創業前必須先籌備人力、物力、資金」的常識，已經完全落伍。

只要擁有事業想法，人力、物力、資金都會跟著來。

也就是說，「Idea is King」是SQM時代的新常識。

從「社會」調度「公司」缺乏的資源

將這項新常識視為常理落實的正是孫總裁。

孫總裁在創辦軟銀的二十幾歲之前，就已經懂得利用想法的力量，吸引「人力、物力、資金」。

孫總裁最為人津津熱道的事件之一，就是將語音電子翻譯機的想法，賣給夏普（Sharp）並賺到創業資本。

而且，製作翻譯機原型機的並不是他本人，而是他當時就讀的加州大學柏克萊分校的研究人員。

孫總裁當時委請別人製作時，根本沒錢付費。因此，他向對方承諾「完成原型機並與企業簽約後，再支付酬勞」，繼而獲得協助。

當然，那些研究人員也不是菜鳥，他們也是覺得「孫總裁的想法不錯」，才願意出力。

就這樣，**孫總裁靠一個想法就賺到資金和人力。**

孫總裁就算無法準確抓出需要多少人才和資金，也常常會立刻向媒體公開自己的新事業想法。

這也是因為他深知「想法可以吸引人才和資金」。

實際上，當孫總裁透過媒體盛大發表自己的事業計劃後，就會陸續有人和出資者表示「希望能參與計畫」。並且，也通常能如期推出新產品和服務。

說句極端的話，孫總裁認為世界上所有的「人力、物力、資金」都能為自己所用。

這並不是指孫總裁是多麼了不起的人，而是他完全沒有「只能使用自己所擁有的資源」的想法。

任何人在新事業剛萌芽的時候，不可能一開始就將人才和資金準備得萬無一失。新興和新創企業當然是如此，大型企業在推動新事業的時候，也由於沒有前例可循、公司內部缺乏相關的知識和經驗，基於不想承擔過大風險的心態下，將預算壓到最低。

這麼一來，就會落入「自己缺乏的東西＝弱點」的想法，並且最後決定「放棄新事業」。

然而，如果像孫總裁一樣，認為「世界上所有的東西都能為自己所用」，弱點就不存在了。

尤其在現代，整體社會朝平台化邁進，我們可以即時獲得需要的東西，因此這並不是一句誑語，而是真實的現實世界。

沒有資源並不弱點。缺乏想法才是弱點。

請切換你的思考模式。

專欄 不要放過自己需要的「人才」！孫總裁的獵才術

我雖然說有想法就能吸引人才，但想要招攬在組織中擔任核心人物的人才，並沒有那麼容易。由於所有企業和團隊都想要招募優秀的人員，因此常常展開人才大戰。

所以，如果你希望「某個人可以幫自己工作」，就必須主動挖角。

孫總裁在吸引人才方面也是一流的。

軟銀經常挖角其他企業的重要人物，而這些人才幾乎都是由孫總裁親自出面遊說。

企業在挖角高層主管的時候，大多都是先與獵人頭公司聯繫，如果對方有意願，再由企業的高層人員出面，不過，孫總裁總是一開始就親自聯繫自己有興趣的人才，並全力遊說對方。

孫總裁看中的人選，通常是與他一起共事過的人。

一九九〇年他延攬來擔任軟銀常務董事的北尾吉孝（現為SBI控股公司總裁兼執行長），原本是野村證券法人營業部部長。北尾吉孝擔任軟銀上市操作負責時，孫總裁就對他的工作精神讚譽有加，繼而挖角他至軟銀。

二〇一四年進入軟銀、後來成為副總裁的尼科什・阿羅拉（Nikesh Arora，二〇一六年離開軟銀），時任Google高層時，由於負責接洽軟銀事務，因此與孫總裁結緣。孫總裁見識到他的專業與能力，並大力延攬。

與一個人共事，可以了解他的能力和個性。尤其如果職缺是高階主管，所延攬的人才除了優秀之外，也必須值得信賴。

因此，比起人力仲介，孫總裁透過實際的互動，延攬自己「看中」的人才，似乎更為合理。

而且，孫總裁遊說的方法充滿熱情。

二〇〇〇年就任軟銀常任董事，後來曾任福岡軟銀鷹隊董事長及日本Telecom董事長的笠井和彥，原本是舊富士銀行的副總和安田信託銀行（現為瑞穗信託銀行）的董事長。

笠井和彥也是從在銀行就職的時代，就與軟銀有業務上的往來。因此，孫總裁三番兩次敦請他，希望能延攬他至軟銀工作。笠井和彥在回顧這段往事時還說，從清早到深夜都能看到孫總裁，把他給嚇壞了。

笠井和彥感受到孫總裁的誠意與熱情，並決定轉職至軟銀。

當時軟銀的知名度不如現在，大家也「搞不清楚這家公司到底在做什麼」。這種公司竟然仍延攬到銀行巨頭的副總，引起金融業一震譁然。

儘管如此，笠井和彥之所以願意到軟銀，應該是因為感受到孫總裁三顧茅廬的誠摯吧。

不要在意你的公司的知名度或組織規模，如果你認為這個人「非他不可」，就去說服對他。

孫總裁在延攬尼科什．阿羅拉的時候，據說尼科什人在南義大利小島辦婚禮時，還曾經接到孫總裁致電恭賀。而且，後來孫總裁還搭乘私人飛機跨海現身與尼科什見面，由此可見，孫總裁挖角的誠意可不是掛在嘴邊而已。

孫總裁開給尼科什的薪資也相當優渥。他的薪資高達一六五億日圓。除了行動之外，孫總裁也用薪資展現了誠意。

你或許會覺得「這怎麼可能學得來」，但即使是新興產業或新創公司，只要利用認股選擇權（stock option）也能提供對方極佳的條件。

最近來有另一種選擇叫做「信託型認股選擇權」，由於可以讓權利人以股價上漲前的價格行使認股選擇權，因此有利於企業獲得更多資金。

在這個時代，只要擅用社會機制，也能獲得足以吸引人才的「資金」。

思考開關②

舊常識：萬萬不可貸款
新常識：貸款也是實力的一種

日本人向來討厭「借錢」。

「借錢＝壞事」的價值觀深植於日本人的心裡。在過去，一點一滴把錢存下來確實是最實在、安全的做法。

但是，孫總裁的想法恰好相反。

「銀行願意貸款給軟銀，表示他們認同軟銀這家公司的價值。所以，能夠借到錢也是公司實力的一部分。」

也就是說，借錢不僅不是壞事，反而肯定了企業的價值。這就是孫總裁的思維。

就像我前面說過的，在這個時代，我們已經可以在需要的時候，獲得所需的

「人力、物力、資金」。

而且，你只需要靠事業的想法，就能獲得這些資源。過去向銀行貸款必須以土地或房屋作擔保，現在則只需要一個想法就能獲得資金。

孫總裁一定會說「不借錢才是虧大了！」。

「錢會從天上掉下來」

「錢會從天上掉下來。」

孫總裁經常把這句話掛在嘴邊。

對於腦海中不斷出現新事業想法的孫總裁來講，這不是一句玩笑話，而是他深刻的感受吧。拜此所賜，軟銀集團現在是日本屈指可數的「借款王」。

二〇一八年十二月，東洋經濟新報社公布的「貸款金額最高的前五百名企業」當中，軟銀連續四年蟬聯第一名。

軟銀的貸款金額從二〇一七年的一二・六兆億元暴增到一三・七兆日圓。報導指出，收購美國移動通信運營商 Sprint 和英國半導體設計大廠ＡＲＭ，是軟銀產生巨額負債的原因。軟銀光是收購ＡＲＭ，就斥資三兆三〇〇〇億日圓，因此負債暴增也不是太意外的事。

看到這篇報導的人或許會心想「軟銀借這麼多錢，不會有問題嗎？」，不過如果孫總裁看到這篇報導，他大概會很驕傲地說「怎麼樣！軟銀很厲害吧？」。

如果軟銀沒有一定的實力，就不可能借到這麼多錢。

而且，軟銀借錢收購的，還是Sprint和ＡＲＭ這些企業巨頭。尤其後者在全球的市占率更是壓倒群雄，「全球有九七%的手機，都是使用ＡＲＭ所設計的晶片」。

未來，隨著ＩｏＴ的發展，當所有產品皆須搭載晶片的話，ＡＲＭ絕對可以在半導體設計產業獨占鰲頭。這也意味著收購ＡＲＭ的軟銀，將成為全球的贏家。

即使借款金額龐大，但若將這筆錢用來投資且獲利超過借款金額，不就賺到了嗎？

這就是孫總裁的思維。

我們必須擺脫「借錢＝壞事」的主觀想法，「貸款是能帶動公司和事業成長的有效資源」，正面看待借錢，才能在未來創造穩贏不輸的事業。

思考開關③

舊常識：絕對不能虧損
新常識：你應該追求的是ＬＴＶ（Life Time Value，顧客終身價值）而非短期的收支

日本企業對「赤字」這個字避之唯恐不及。

日本企業在經營上，總是很在意單季和年度決算是獲利還是虧損。

不過，在ＳＱＭ的時代，最重要的並不是短期的損益表（Ｐ／Ｌ），而是追求「ＬＴＶ（Life Time Value，顧客終身價值）」的最大化。

ＬＴＶ的意思是，「每一位顧客終生對企業所帶來的價值」。

也就是說，並不是將產品或服務售出後，便終結顧客關係，如何維持顧客關係創造公司的獲利，才是成敗的關鍵。

就像我在第一章所說的，人們已經從「擁有的價值」轉而追求「體驗價值」。

在以「物品單位」從事交易的時代，企業賣出產品的同時，也終結了與顧客的關係。

然而，在平台化服務和訂閱制的商業模式中，賣出「體驗價值」後，企業與顧客的關係仍然存在。由於個人化服務也與會員制等提高消費者忠誠度的商業模式相輔相成，因此有助於企業與顧客維持關係。

企業透過鼓勵回購、增加加值服務以提供新價值，打造出可以從一位顧客身上長期獲得收益的環境。

孫總裁說的「做生意要像牛的口水一樣細長而不中斷」，就等於是「高LTV價值的生意」。

推出訂閱制服務，只要與市場對話就能籌到資金

那麼，需要哪些條件才能追求LTV？

這個條件是「企業價值」。

簡而言之，「股票市場如何評價一家公司的價值」非常重要。

就算就短期來看是虧損，若市場認為「這個事業有發展性，可以獲得高LTV價值」，企業就可以一邊籌措資金一邊擴大事業。

例如Netflix在二〇一八年初，宣布將投入約八〇〇〇億日圓的預算，加速影劇內容的擴增。

之所以可以投入如此鉅額的投資，是因為市場對Netflix的服務有很高的評價。二〇一七年十月，Netflix從市場籌措到一六億美元、二〇一八年四月則為一九億美元。而同年十月，更宣布再增資二〇億美元（約二二五〇億日圓），創下歷史新高。

市場之所以給予Netflix高評價，是因為訂閱制服務讓企業價值變透明了。

由於企業採的是定額制，因此只要再與訂閱用戶數和續訂率相乘，就能立刻算出未來的現金流。當然，訂閱用戶數和續訂率的數值會變化，不過只要基於過去的數據做判斷，就能達到一定的準確率。

相較於此，籌措電影製作的資金出名地難。就算是知名導演和演員的作品，也要「歷盡千辛萬苦才能籌到資金」。

這是因為以電影來講，一部就定生死。一部電影不是熱賣，就是變成票房毒藥。簡直就是在碰運氣。

沒有人會想要投資賺錢機率低的東西吧。所以，電影很難籌措資金。

然而，**定額制度的影音服務，由於是可以看到 LTV 的商業模式，因此能夠與市場對話並籌措所需資金。**

因此，市場不會那麼在意短期的虧損。尤其是新事業，暫時性的虧損是可預期的。

很多人都知道，Amazon 創業約十年才由虧轉盈。

在這期間，Amazon 所累積的虧損高達一兆日圓。儘管如此，該企業持續投資，讓公司可以自己管理貨物流通和庫存，並且以大勝其他電商業者的方便性為武器，提升了企業價值。

結果，Amazon 成了受到眾多使用者青睞的企業。

Amazon 之所以能成長到幾近獨占市場的規模，是因為他們不在意短期的虧損，而是追求長期的 LTV。

軟銀連續四季虧損的理由

孫總裁也將「不用管短期的虧損，徹底追求LTV就對了」這句話實踐到底。

大家都覺得軟銀是一家不斷在成長的企業，但其實從二〇〇〇年至二〇〇四年，軟銀處於連四年虧損的狀態。那時候的軟銀，面臨連續五年虧損，就必須下市的危機。

軟銀連續虧損的原因，在於二〇〇一年推出ADSL服務「Yahoo! BB」時，就決定**「一開始先不要管虧損，不計成本獲取客戶」**。

因此，軟銀在日本全國展開大規模的促銷活動，在街上發送免費的數據機等，打出不合常理的策略。委託數十家代理商銷售、免費發送數據機的地點從北到南多達幾千個。

軟銀之所以願意砸重金獲取用戶，是因為希望能讓更多顧客體驗新的服務。並且，一次嘗試多種銷售方法，也能找出哪一種才是真正有效的方法和銷售管道。

其實軟銀更早就已經由虧轉盈，但是孫總裁堅持繼續投入成本獲取用戶。由於他堅信第五年一定會賺錢，因此才會連四年虧損。

而且，實際上軟銀的利益持續成長，二〇〇五年的營業利益約為六〇〇億日圓、二〇〇六年約二七〇〇億日圓。

對於對數字相當敏銳的天才經營者孫總裁而言，計算「該花多少成本來獲取用戶」是一件輕而易舉的事。所以他才會有自信地放任前四年持續虧損。

話說回來，「Yahoo! BB」一開始就以「每個月九九〇日圓」的價格推出ADSL服務，這個價格在當時真是出奇地便宜。

當時ADSL業者的平均費用為每個月六〇〇〇日圓左右，因此「Yahoo! BB」的價格可說是破天荒地低。

過去，ADSL被視為「重度使用者才會用的東西」，多數一般用戶皆認為「不熟悉網路的人不會用」。

孫社長用破盤價打破一般用戶的心理障礙，成功讓他們覺得「既然這麼便宜，用用看好了」。

軟銀開始推出雅虎拍賣的時候，也是免手續費。因此，有很多人會覺得「既然如此，試試看好了」。

在事業的初期階段，不在意虧損，由賣方負擔成本，極力減少買方的風險，致力於獲得新顧客。

這就是軟銀的經營模式。

最近PayPay也是基於相同的理由，開始進行大規模宣傳活動。「註冊就能獲得五〇〇日圓優惠券」、「一百億日圓大方送」等讓業者大失血的服務內容引起廣大迴響，而這也是一種顧客獲取的策略，為了讓不習慣使用無現金支付的人，能換個心態想「既然如此，就用用看吧」。

當然，一個永遠在虧損的事業是成不了氣候的，因此必須擬定策略，讓事業轉虧為盈。

這一點我會在第三章中詳細說明。

用簡單公式算出LTV

在這裡，我要介紹軟銀用來計算ＬＴＶ的公式。

如果要精密計算ＬＴＶ，就必須透過相當複雜的公式，但簡單一點的方法是進行略算，了解現金流會轉正或轉負即可掌握LTV的本質。

● 銷售產品

LTV＝（平均購買單價×購買頻率×持續購買期間）－（客戶獲取成本＋客戶維持成本）

● 銷售訂閱制服務

LTV＝（用戶年交易額×持續購買期間）－（客戶獲取成本＋客戶維持成本）

用這個公式計算，就知道「繼續投資多少成本來獲取客戶，可以讓LTV轉正」。

以銷售產品來講，假設前半段的公式（平均購買單價×購買頻率×持續購買期間）是三萬日圓。而獲取、維持第一位顧客的成本是一〇〇日圓，則「三萬日圓－一〇〇日圓＝二萬九九〇〇日圓」就是第一位顧客的LTV。

不過，想要獲取顧客，除了第一位顧客之外，還要再花成本取得第二位、第三位顧客。因此，費用就會增加為二〇〇日圓、三〇〇日圓，假設獲取第三〇〇位顧客的成本為三萬日圓，那麼這位顧客的ＬＴＶ就會變成「三萬日圓－三萬日圓＝〇日圓」。

所以，透過這個公式我們可以知道，「花超過三萬日圓的成本來獲取客戶就會賠錢」。

訂閱制服務的公式也一樣。

也就是說，使用這個ＬＴＶ的公式，計算的不是單年度或單次交易的ＬＴＶ，因此無論產品或訂閱制服務，都能基於長期契約關係的前提下，做出最適當的投資。

管理ＬＴＶ必須對數字有高度的敏銳。

軟銀要求所有的員工都要用數字對公司的經營負責。

我也會在第三章中詳細說明如何運用數字讓ＬＴＶ最大化。

思考開關④

舊常識：與對手競爭，擴大市占率
新常識：一舉奪下第一名寶座

多數人發展新事業的時候，都會認為「進入市場後，要與對手競爭、逐步擴大市占率，成為最後的贏家」。

然而，在平台化時代，這樣的做法是行不通的。

因為，無法馬上致勝的話，就無法成為平台企業。

平台終究是一個「場所」。吸引想要在這裡進行交易的人、物品、服務及資訊後，才能作為交易場所發揮功能。

沒人認識、沒沒無聞的平台是無法生存的。

那麼，該怎麼做才能匯聚人氣、物品、服務及資訊呢？答案只有一個，「成為第一」。

例如，你想買衣服的時候，如果有「商品種類第一多」的購物平台和「商品種類第二多」的平台，你會選擇哪一個？

或者，你想使用汽車共享服務的時候，有一個「註冊汽車數量第一」和「註冊汽車數量第二」的平台，你會選擇哪一個？

假設手續費等條件都一樣，不會有人棄一擇二。

只要成為第一，即可形成成長循環，平台功能齊全，交易量增加後，知名度就會變高，人、物、資金、資訊匯集，商業規模也會跟著逐漸擴大。

這種現象稱作「網路外部性」（Network externality），該法則認為「當使用相同產品、服務的人數增加，使用者從該產品、服務所獲得的價值就越高」。

網拍網站就是最佳的例子。

賣家最多的網站，會吸引越多競標者，當競標者增加，賣家也會跟著增加。像這樣建立獨占鰲頭的地位，就不可能被競爭者篡位。

號稱全球市占率居冠的 eBay 之所以會退出日本市場，也是因為 Yahoo! 拍賣已經在日本穩坐龍頭。

雖然 eBay 後來有回歸日本，但現在仍無法動搖 Yahoo! 拍賣的市場地位。

小眾市場也無所謂，搶下能獨占鰲頭的領域

不過，應該很多人想問「新加入市場的人，該怎麼搶到第一名的寶座？」

答案很簡單。

找到「可以讓你成為第一的領域」。

乏人問津或做的人少之又少的領域，無論多冷門的領域，都值得投入。

這就是**「特定市場NO.1策略」**。

在一個沒有競爭者的市場，最先投入的人就能立刻坐上第一名的寶座。不必與對手爭個你死我活，就能輕鬆打一場勝仗。

Amazon這個平台能存活至今，也是因為他們率先在「書本」這個狹小的市場取得第一。

從一九九〇年代至二〇〇〇年代，美國有很多科技公司因應網際網路泡沫時代而興起。有些企業跟Amazon一樣投入電商市場，其中食品和日用品的網購業者Webvan，規模還曾經大到在納斯達克指數（NASDAQ）上市。

然而，Webvan最終在二〇〇一年宣告破產。

其中的原因之一雖然也包括在窄頻時代，網站的使用性不如現在方便，但創始於同年代的Amazon與Webvan結局竟然如此不同，終究還是要歸因於「在哪個領域搶攻市場？」。

其實孫總裁也曾經考慮與Amazon合作開創事業，當時他看了很多與電商相關的報告。我記得很清楚，其中有一份報告說「與網購調性最符合的商品是書籍」。

因為書不像生鮮食品，由於放久了也不會變質，因此易於管理，而且無論在哪家店買，書的內容也都一樣。

當時是網路的黎明期，對於不習慣網購的消費者而言，最大的疑慮就是「如果因為倉庫沒管理好、寄送速度慢，導致食品腐壞該怎麼辦？」

在一堆商品中，書沒有品質管理的成本，而且在寄送過程中也不怕破壞商品品質。以當時的環境條件來講，書就是「做了就穩贏的商品」。

Amazon創始人傑佛瑞・貝佐斯（Jeff Bezos）也是知道這一點，所以才會選擇建立「販售書籍的平台」創業。

並且，藉由在書籍領域成為「特定市場的No.1」，繼而建立了「上網購物就到Amazon」的企業價值。因此，當Amazon開始販售書以外的商品時，該平台上的使用者也會繼續在上面購物。

就像我在第一章所說的，只要獲得消費者的個資和付款資訊，留住顧客就容易多了。當商品數量增加或企業開始提供高附加價值的服務，使用者也會選擇繼續使用。

Amazon透過這樣的方式，進化為販售眾多商品的巨型平台。而他一開始也是先在書籍這個小眾市場拿下第一的寶座。

最近，服飾購物網站LOCONDO也採取相同的策略。

雖然該平台也有販售服飾和包包等商品，但從該平台宣稱自己是「鞋子商城」，就看得出來他們企圖「先在鞋子這個小領域中成為第一」。

這是因為該企業深知，若未來想要和ZOZOTOWN並駕齊驅，不先打下小領域的市場，就無法讓平台發揮應有的功能。因此他們才會在眾多流行時裝中，選擇專攻鞋類市場。

這樣的做法與Amazon從書籍切入市場一樣，都是特定市場No.1的策略。

投入「乏人問津的領域」

無論是再怎麼冷門的市場，孫總裁都堅持必須成為「第一」。

ADSL服務「Yahoo! BB」就是很具代表性的例子。

我剛剛說過，「從乏人問津的領域做起」，而ADSL在當時就是沒人想做的領域。

就像我說的，多數用戶認為ADSL是少數重度網路使用者才需要的服務，而且只有極少數的業者提供完善的服務。並且，新加入ADSL市場的業者，還要從NTT租借光纖和基地設備，經過繁複的準備才能擴大網路的涵蓋範圍。

由於投入成本高，因此可想而知，當然沒有企業想投入用戶少之又少的小眾市場。

孫總裁就是看中這一點。

而且，他在推出服務之前，一次就下訂了一〇〇萬台數據機。以前的ADSL業者每年購買的數據機約一萬台，一比之下，就知道這個數字有多麼驚人。

孫總裁一開始就打算吃下這個市場。

祭出「ADSL月租費九九〇日圓」的破盤價，也是為了搶下第一的寶座。

最後，「Yahoo! BB」推出不到三個月，申請件數就突破一〇〇萬件。軟銀就這樣在ADSL市場迅速攻占第一。

當軟銀成為提供ADSL服務的平台化企業，市場也會提高軟銀的企業價值。軟銀後來能收購日本Telecom和Vodafone、在電信業占有一席之地，也是因為「在ADSL穩居第一」的戰績，讓軟銀得以籌措到鉅額的資金。

「就算在小眾市場占有一席之地，市場規模也不會變大」，這樣的想法藏著很大的誤解。

無論市場大小，拿下「第一」的價值無窮。

孫總裁深知第一的價值所在。

思考開關⑤

舊常識：產品價值在初上市時達到最高
新常識：上市後，也可以藉由「DPCA」提升產品價值

我在第一章說明過，進入SQM時代後，創造價值的地方將由「工廠」轉換至「社會」。

汽車、家電等製造業的商品，在從工廠出貨的那一刻，價值達到最大化。而出貨後，商品價值通常也隨著時間而降低。

因此，在過去，企業無不費盡心思在製造更完美的商品，而賣出商品後，則透過售後服務，維持最低限度的顧客關係。

相較於此，在服務業使用者的每一次體驗都會產生價值。

每當使用者利用汽車共享服務、透過影音串流服務觀賞電影或影集，社會各角

落就會產生價值。

使用這些服務時，使用者所感到的體驗價值並非是一致的。相同服務的使用者，有的人對體驗感到滿意，有的人卻會產生「這次的搭乘感覺不太好」或「希望能有更多類似的影片」等不滿。

也就是說，服務推出後，價值會持續變動。

因此，如果服務提供者希望留住使用者並提高LTV，就必須不斷改善服務內容，提高體驗價值。

「基於執行」獲得實測值

因此，企業並非推出服務就可以置身事外，他們必須執行PDCA，持續精進服務內容。

更正確來講，**在P（計畫）之前先從D（執行）做起，才是軟銀的做事風格。**

也就是說，軟銀的做法不是「PDCA」而是「DPCA」。

當然，還是要擬定計畫，但是計畫只是假設。你可以花很多時間蒐集大量的資訊並進行分析，但做生意做了才知道結果。

最重要的是「去做，並看看會怎麼樣」，及早獲得「實測值」。計畫階段的數據不過是「預測值」，因此獲得實際的數據才是最重要的。

了解預測值和實測值的落差，思考「為什麼會產生這樣的差距？」，就能找到準確度更高的解決方案。

執行這個解決方案，得到實測值之後，如果和目標還是有差距，就繼續思考其他解決方案。持續落實這樣的管理循環，就能提高服務的體驗價值，留住用戶。

再者，軟銀執行管理循環的速度非比尋常地快。

有些企業會每一季檢討計畫和實績，再思考下一季的解決方案，但這樣的做法對孫總裁來講根本是天方夜譚。**他常常說「用過去的數字來談論未來，就像是看著後照鏡在開車」。**

因此，軟銀通常是即時掌握數據、執行「DPCA」，並迅速祭出新的因應方式。

軟銀投入電信產業，希望能在用戶人數方面拔得頭籌時，其他電信業者利用降低費率來迎擊，因此軟銀當天也立刻跟著宣布降價。

一般公司遇到同樣的事，應該會先通知高層召開會議，經過一番討論，等到下一季的財報公布後，才發布「降價決策」，然而，這種事不可能發生在軟銀。

正因為軟銀迅速落實「執行↓改善↓檢證↓執行」的循環，透過數字及時掌握公司的營運狀況，因此就算外部環境改變，孫總裁還是可以立刻決定「降價幅度」。

這樣的因應方式，讓軟銀可以回應使用者的需求，提高體驗價值。

不要坐在辦公桌前用腦袋預測數據，請立刻動起來，得到貨真價實的數字。

在變化速度越來越快的時代，任何企業和人，都必須懂得執行孫總裁的「超高速DPCA」。

思考開關⑥

舊常識：失敗很丟臉。絕對不能冒險
新常識：盡量失敗。讓冒險成為成長的養分

研究者已經提出很多日本企業長期陷入低成長的原因，而我認為最根本的原因在於「環境不容許組織中存在風險」。

由於一旦失敗就會拉低企業評價，因此所有企業都很害怕失敗。所以企業不喜歡接受新的挑戰，也會避免對結果負責。

這樣做不但無法發展新事業，也不可能帶動公司和事業成長。

話說回來，任何組織或人都不可能一輩子不失敗。由於人類不可能百分之百預測未來，因此當然會發生出乎意料的結果。

軟銀當然失敗過無數次。

軟銀投資過的新創企業超過一〇〇〇家，但其中稱得戰績輝煌的只有 Yahoo! 和

阿里巴巴。

在創投的世界裡，有一句話說「千三（在一〇〇〇個當中只中三個）」，即便是被稱為天才經營者的孫總裁，也逃不過這樣的命運。

不過，孫總裁投資時，當然也很清楚這一點。

也就是說，他早就把失敗也算進去了。這個說好了，孫總裁以失敗為前提投資了眾多的新創事業。

我從孫總裁身上也學到了**「鮭魚卵理論」**的事業成功機率。

鮭魚一次可以產下約二〇〇〇顆卵，但是只有二隻可以順利長大並回到河川。太多鮭魚洄流會破壞河川的棲息環境，而太少又會導致鮭魚滅種。

因此，二隻是最能讓鮭魚穩定延續物種的數字。而且，由於生存的機率相當低，因此能順利返鄉的都是很優秀的個體。

就像這樣，在生物的世界裡，是以多產多死為前提保持物種的平衡。

新創投資也是如此。

在多數企業消失的新創世界中生存下來的 Yahoo! 和阿里巴巴，都是相當優異的公司。因此軟銀的投資才會如此成功。

反過來講，想要抽中這樣的大獎，就要以多數新創企業都會消失的前提，投資越多公司越好。

沒有經歷過各種失敗，就不可能獲得豐碩的成果。

孫總裁深知這一點。

前提條件是「未來無法預測」

所以在孫總裁心裡，絕對沒有「失敗＝風險」這種事。

因為沒有失敗就沒有成功，因此「不失敗才是風險」。

孫總裁並非不害怕失敗。

他反而比其他經營者更留意風險。

被稱為天才經營者的孫總裁，也曾多次預測失準。因此他本身也是基於「無法百分之百預測未來」的前提下思考並採取行動。

就像我在前面一段所說明的，軟銀首重「執行」的原因就在這裡。

就算想到破頭，計畫中列出的數據仍只是「預測值」。並且，預測當然也會有失準的時候。

最重要的不是執行結果成功或失敗，而是掌握「預測值與實測值的落差」。

無論實測值低於或高於預測，都要分析「是什麼原因造成這樣的落差？」，思考解決方案並執行。在千變萬化、無法預測未來的時代，只有這樣才能讓你穩扎穩打邁向目標。

在邁向目標的過程中，如果可以基於失敗經驗持續改善，而最終也能達成目標的話，那失敗「就只是成功過程中的中繼站」。

因此，**盡快執行，最早獲得實測值的人，才能成為商場中的贏家。**

害怕失敗、看著預測值苦惱「該怎麼辦」的企業，與動作迅速、不斷蒐集實測值的企業，不用想就知道誰比較強。

盡量及早體驗各種失敗——。

這就是軟銀式的必勝法則。

「馴服風險，而非害怕它。」

如何找出「中獎率高的抽獎箱」

不過，孫總裁可不是亂槍打鳥。

他當然也有採取提升成功率的策略。

既然要抽獎，選擇「中獎率較高的抽獎箱」當然比較有利。比起一〇〇張抽獎券當中只有一張能中獎的抽獎箱，一〇張當中就有一張能中獎的箱子，中獎率絕對高出許多。

那麼，要如何找到「中獎率高的抽獎箱？」

孫總裁堅守的策略是「置身於處於成長期的領域當中」，「搭乘往上的電梯」。

若你所投入的市場處於成長階段，就會比較容易中獎。

孫總裁之所以選擇ＩＴ產業來創業，是因為他相信「摩爾定律」（Moore's Law）。

這個定律是由英特爾（Intel）共同創辦人戈登・摩爾（Gordon Moore）在一九六〇年代所提出，意指「積體電路上可容納的電晶體數目，每一年半至兩年便會增加一倍」。

而實際上，技術確實也照這個法則的速度持續進步到現在。

因此，孫總裁相信「IT產業可以永續發展」，並且堅持軟銀留在在這個成長領域中發展。

軟銀執行收購半導體大廠ARM的策略，也是為了將來可以持續在成長領域中發展。

IoT領域是未來IT產業中最具成長潛力的市場，收購從事晶片設計的半導體公司，是最能掌握IoT資訊的方式。

雖然有人質疑「軟銀斥資三·三兆日圓收購ARM，不會出問題嗎？」，但如果花這筆錢能擁有別人沒有的「高中獎率抽獎箱」，對於孫總裁而言，這筆交易非常划算。

孫總裁看似亂槍打鳥，但其實他專挑贏面極高的遊戲玩。

降低固定費用，就能避免「全面虧損的風險」

並且，雖然我建議「最好盡早體驗各種失敗」，但還是必須避免全面虧損的風險。

總之，「不能失敗到整家公司賠進去」。

這也是孫總裁的經營鐵則。

無數的ＩＴ新創公司如雨後春筍般出現又消失，卻只有軟銀能脫穎而出，正是因為孫總裁徹底執行風險管理。

常常因為鉅額投資震驚社會的孫總裁，或許會令人留下揮霍的印象，但絕對沒有這種事。

「盡量節省」辦公室租金、水電費等固定費用，一直都是孫總裁的營運方針。

因為只要能把固定費用降到最低，就可以讓公司永續經營下去。

孫總裁透過**「管理遊戲」**學到「一家公司如果固定費用偏高，就注定垮台」。管理遊戲是Sony四十幾年以前所開發的經營者培育研修課程，軟銀則將這門課程導入公司的培訓中。

這個遊戲的玩法像是大富翁，模擬企業的經營，學員可從中學到營業額與固定費用的關係。

無論營業額大小，固定費用是公司固定支出的經費。包括前面列舉的租金、水電費及人事費，都屬於固定費用。

因此，就算營業額增加，若固定費用超過營業額，就會使得現金無法周轉，增加公司倒閉的風險。當公司付不出房租、水電費及員工薪水，就等於回天乏術了。

因此孫總裁經常說**「只要將固定費用占營收的比例控制在一定程度以下，公司就不會完蛋」**。

如何降低固定費用、管控風險並促進公司成長，一直都是孫總裁的重要課題。尤其剛創業初期，現金並不會立刻流入。從推出商品和服務，到創造營業額的過程中，創業者會一直花老本。

因此，各位在創業的時候，絕對不能因為愛面子而租下租金很高的辦公室。

你可以向熟識的公司借用空間，或者利用便宜的共享辦公室，總之將固定費用降到最低就對了。企業在發展新事業的時候，也最好先借用其他部門的空間，盡量使用免費資源。

在平台服務時代，什麼樣的經營模式才是有智慧的

盡量不要將人事費變成固定費用，在需要的時候聘用所需人力，也是很好的策略。

由於現在有很多媒合企業和人才的平台，因此可以隨時在需要的時候，聘用擁有特定技能和經驗的人才。

我剛開始創業的時候，也曾經借用過外部的人才。

我透過發包平台發案，請具備命名專業的自由工作者列出三〇〇個服務名稱讓我參考，並從中挑出一個。

光靠公司的員工絕對無法想到這麼多名字，而且也沒有具備創意發想能力的專業人才。既然如此，委託外部的人才，才能想出有質感的名字。而且，報酬非常便宜，只需幾萬日圓就好。

在平台時代，只要上網搜尋，就一定能找到你要的東西。而且，還能在需要的時候及時得到所需物品。

企業經營也是一樣，應該即時籌措資源，徹底消除「不合理、不均、浪費」，將風險降到最小。

這就是平台化時代的聰明經營法。

思考開關⑦

舊常識：不改變本業
新常識：每三年改變本業，但願景不變

雖然這麼說你可以會誤會，不過孫總裁是喜新厭舊的經營者。

他投入一個新事業，超過三年就會膩了。

他剛開始發展電信事業的時候，曾經把日本市面上所有的手機排放在房間裡，整天看著這些手機想事情，但現在他腦中大概只剩下投資ＩｏＴ和平台事業。

然而，其實他的做法有助於企業持續成長。

在這個變化迅速的時代，事業的生命周期也會越來越短。

一門興盛的事業，也可能在很短的周期內就從市場上消失。有很多服務三年不到就消失了。

Yahoo!拍賣雖然曾經擊退ebay獨占鰲頭，但當前的二手商品交易平台，Mercari絕對是最大贏家。就算在某個領域奪下第一，當事業進入成熟期後，終將邁入衰退期，因此就會被其他處於成長階段中的事業追上，面臨市場縮小和退出市場的狀況。

基於此，我們應該像孫總裁一樣，隨時關注「下一個具有成長潛能的市場在哪裡？」，在既有事業衰退前，投入下一個即將成長的領域。

搭乘「往上的電梯」

我說過「孫總裁堅持搭乘往上的電梯」，實際上，軟銀也隨著時代的變遷不斷地換搭不同的電梯。

軟銀遵從「摩爾定律」，持續在IT產業這個相當大的領域中發展，但其實同時也能迅速找出該領域中特定的成長市場。

軟銀從販售軟體起家，中間做過電腦雜誌出版、ADSL、手機通訊、機器人等，現在則收購ARM公司，換成IoT這部往上的電梯。

看著孫總裁，我便明白**持續找出「接下來將往上的電梯在哪裡？」，才是經營者最重要的工作。**

在日本，越是歷史悠久的企業，越認為「守住前人辛苦耕耘的本業意義重大」，但是就算你再努力保護已經步入衰退期的事業，也無法重新回到成長期。因為事業和人一樣，都不會返老還童。

因此，死守本業恐怕會導致整家公司從市場銷聲匿跡。而且，這樣的循環會逐年縮短。

執著於一門事業，只會縮短公司的壽命。

長年維持軟銀集團營運的業務團隊

看到這裡，你可能會產生下面這種想法。

「所以要賣掉過期的事業，裁撤所有舊事業的人員嗎？這樣不是很無情嗎？」

不，怎麼可能。我完全不建議這麼做。

因為軟銀從來沒有裁員過。

一般人或許會以為孫總裁是冷酷無情的經營者，為了公司可以隨便資遣員工，而且把員工當免洗餐具不斷換新。

然而，其實他很珍惜長年以來為軟銀付出的員工們。

尤其孫總裁很依賴負責流通和銷售的業務團隊。

其中，**從銷售軟體時期就進入軟銀的元老級員工，在孫總裁心裡更是「功臣」。**

這組業務團隊實力堅強，從創業之初就與量販店打好關係，建立起銷售網絡，他們經手過的商品從軟體到ADSL、手機、智慧型手機、行動支付APP（PayPay），就算商品和服務不斷推層出新，只要孫總裁說「接下來要賣的是這個」，他們就會活用自己的人脈，創造出亮眼的營收。

軟銀的員工也很清楚新事業的周期大概每三年就會輪動，因此不必孫總裁說，他們也知道「新東西差不多要來了」，坦然接受商品和服務的變化。

孫總裁很看重這些員工。

商品和服務隨時在變，但他絕對不會裁掉了解他的想法，支撐軟銀核心價值的人才。

因此，軟銀有很多資深員工。並且，由於這些資深員工皆擔任營運的重要職位，因此才能將軟銀的必勝法則傳承下去。

改變本業，避免裁員

話說回來，孫總裁從來不覺得「改變本業＝裁員」。

他反而認為「不斷改變本業，才能避免裁員」。

軟銀投入新事業的時候，會將既存事業的員工重新安排新工作。軟銀不裁員，而是將員工安置到新事業中。

軟銀之所以能這麼做，是因為孫總裁每三年就投入「新的成長市場」。

當既存事業邁入衰退期，如果沒有其他的事業可以安置這些員工，就只能選擇裁員一途。

企業的裁員大多不出這樣的模式。

不過，孫總裁隨時都在尋找成長超越既存事業的市場。

去年底，軟銀宣布將把六八〇〇名通訊事業的員工，安置到新事業中，現在的日本，有多少企業會為數如此眾多的員工留後路，而非裁掉他們？

孫總裁搭乘其他台電梯的時候，一定也會為員工預留位置。

正因為孫總裁重視人才，所以才必須持續尋找具有成長潛能的領域，不斷改變本業。

若既存事業走下坡就裁撤部門或人員，只會讓公司的經濟規模越來越小。裁員或許能穩定營運的平衡，但卻會縮小企業的規模。

「選擇與集中」（Selection and Concentration）這個字曾經紅極一時，但這麼做最終也只會導致經濟規模變小。由於只保留會賺錢的既存事業，選擇放棄或賣掉其他事業，因此公司規模就會逐漸變小。

這就像搭電梯往下直達地下室一樣。

當然，企業可以在既存事業衰退的過程中實踐選擇與集中策略，但也必須同時找到有獲利潛能的新事業，將公司的資源分配到新事業中。

隨時留意往上的電梯，可說是組織在多變的這個時代中生存下來的必須條件。

看準科技趨勢

那麼，孫總裁是怎麼找出往上的電梯？

答案就是「看準科技趨勢」。

從過去到現在，科技趨勢屢屢更迭，從窄頻、寬頻發展到無線。緊接著則是5G的來臨。

孫總裁常說「當新的基礎設施完工，服務就會在這片土壤上開花結果」。也就是說，**商業趨勢是順著「基礎設施　服務」的周期循環。**先有「窄頻的基礎設施」才有「窄頻的服務」，先有「寬頻的基礎設施」才有「寬頻的服務」。先有「無線的基礎設施」才有「無線的服務」，先有「5G的基礎設施」才有「5G服務」。

而孫總裁總是可以跟上這些趨勢。

他在窄頻基礎設施完工時，投入ISP（Internet Service Provider，網際網路服務供應商），在窄頻進入服務周期時，投資美國Yahoo!。

在寬頻基礎設施興建後，他立刻建設ADSL網絡，接著推出「Yahoo! BB」服務。在無線網路的基礎設施完成後，他開始購買行動電話的基地台，並推出iPhone等智慧型手機的服務。

汽車共享服務也從無線網路的基礎設施所發展出來的服務之一。由於是無線網路，所以隨處都能用手機上網，讓乘客可以在需要的時候立刻叫到車。

軟銀也是搭上了這波「無線服務」的潮流，所以才會投資Uber、中國和東南亞等全球各國的汽車共享服務。

就即將開始發展的「5G建設」，日本總務省已經公布對日本電信營運商的5G頻譜分配結果，也通過了5G基地台的布建規定。

而接下來的「5G服務」，軟銀也公布將在二〇二〇年三月以前推出相關服務。

孫總裁一定做好準備，預計推出穩賺不賠的服務。

看到以上內容，你或許會認為「規模太大，根本不適合自己的公司做參考」。然而，看準科技趨勢對於每一家公司而言都非常重要。

在現在，任何產業和業種的企業，都不可能捨科技不用。在這個時代，就連工匠手工一一製作的傳統工藝品和採自農田的蔬菜，都可以透過網路購買。

自無線網路問世以來，所有企業「除了電腦之外，還必須設計方便使用的手機版介面」。未來5G世代登場後，企業一定又必須思考「如何重整舊的網路服務」。

就算你不像孫總裁一樣開創新事業，只要配合科技趨勢改變目前的營運方式和切入點，就可以避免搭到往下的電梯。

孫總裁絕對不變的只有「理念」

我說過孫總裁喜新厭舊，但其實他也有固執的地方。那就是願景。

軟銀創業之初所揭示的願景是「透過資訊革命，創造人們的幸福」。軟銀的官網上，現在仍然掛著「透過資訊命，為人類帶來幸福，成為『全世界最需要的企業集團』」這句話。

孫總裁發展過很多新事業，其中成功的企業，全都遵循著這個理念而行。無論是軟體流通業、Yahoo! 相關服務、ADSL及手機，都帶來了「資訊革命」。

另外，那些不符合這個理念的事業，幾乎都以失敗收場。

例如，二〇〇〇年代初期成立證券交易所「日本納斯達克」，以及收購青空銀行等，最後不是退出市場就是賣掉。

雖然參與過這些事業的我感到相當遺憾，但現在回想起來，這些事業失敗的原因，就在於與軟銀的經營理念相差太遠了。孫總裁應該也有注意到這一點，所以近年來都選擇符合軟銀理念的事業投資。

孫總裁經常說「我可沒辦法二十四小時聚精會神地思考與自己理念不符的事情」。

他可以廢寢忘食地思考他有興趣的事情。我跟在他身邊做事的時候，還曾在在半夜兩三點收到他發email說「我想到一個好點子了！」。

一個可以令人不斷思考的生意，就可以使人源源不絕地想出好點子，並且吸引人力、物力、資金及資訊，提高成功的機率。

另外，如果你因為「好像可以賺錢」、「別人極力邀請」等原因而發展新事業，最後可能會因為缺乏興趣或熱忱，而無法產生「絕對要成功」的決心和策略。最終也非常可能以失敗告終。

而如果所有事業都符合企業的經營理念，也可能發生加乘效果。例如，軟銀的ＡＤＳＬ服務「Yahoo! ＢＢ」就是在高知名度的「Yahoo!」品牌推波助瀾之下，才加速成功。目前的手機支付服務「PayPay」之所以能迅速成長，也是因為與軟銀的電信事業發揮了綜效。

看似不斷開創新事業的軟銀，其實所有事業都是一脈相承，因此才能獲得大幅的成長。

雖然我使用理念這個字讓大家比較好理解，但其實孫總裁更喜歡用「志向」這個字。他說志向的定義是「能與別人共享的夢想」。

「想變有錢」、「想變成人生勝利組」等等以私利私慾為優先的夢想，無法成為「志向」。若人們聽到一個夢想並期待「這個夢想能實現」的話，這個夢想才叫做「志向」。

揭示理念，就能吸引對理念產生共鳴的人，以及所需物力、資金、資訊。因此，由自己將所得到的資源事業化，創造價值後重新分配到社會中，讓大家共享價值——這就是孫總裁的想法。

我們也可以說，孫總裁本身就是讓社會中所有資源匯集的平台。

即使你不是組織的管理高層，但只要你參與了新事業的規劃，思考「你的目標」，掌握經營的本質非常重要。

你希望透過這個事業對社會做出什麼貢獻？你希望能為使用者帶來什麼？

用文字語言表達理念，揭示願景，自然就能吸引到人才、物力、資金及資訊。

在SQM的時代，缺乏願景的事業注定失敗。

並且，願景必須一致且恆久不變。

正因為我們身處千變萬化的時代，因此區分「變化與不變」才顯得如此重要。

第 3 章

我從孫總裁身上學到的「新創企業必勝法則」

我在第二章說過「只要有好點子，就能吸引全世界的『人力、物力、資金』，運用這些資源」。

但是，我也聽到有人會說「就是想不到好點子所以很苦惱啊！」

因此，我在這一章要告訴你如何想出很棒的生意點子。

我要介紹的並不是「精進發想力」等能力開發的方法，而是人人都能立刻模仿的「作業」。

這些活動非常簡單，無論個人的品味和能力好壞，「只要照著做，就可以想到好點子」。也不需要特別的訓練或努力。

另外，不要單獨一個人閉關思考，善用別人的力量也很重要。

孫總裁也常常從聊天當中，慢慢吸收他人的智慧，研擬自己的事業計畫。我要介紹的，就是這個「孫總裁式開會術」。

並且，我也會說明如何基於事業想法研擬成長策略，以及分析事業計畫好壞的重點在哪裡。只要照這些重點想出好創意，訂定切實的事業策略，就能提高成功的機率。

讀完這一章，你就懂了經營「成功事業」的必勝法則。

必勝法則❶

用「一張A4」量產事業計畫

一般認為必須要品味和靈感才能催生出創意，但其實沒有這回事。只有少數的天才才有這樣的能力。

況且，我們也不知道靈感什麼時候會出現。

在這個時代，我們必須隨著環境的變化不斷思考新事業的計畫，沒時間慢慢等靈感蹦出來。

想要快速、大量汲取出點子，你需要的不是「用頭腦思考」，而是「動手做」。也就是「作業化」。

我要介紹幾個不錯的方法，讓你照一定的規則做，就可以想出很多好點子。

而且，你只需要A4紙張和一枝鉛筆。隨時隨地都能著手開始。

那我就趕快來介紹這些方法吧！

方法① 點子相乘法則～想就對了

如果你需要很多很多點子，我建議可以用「點子相乘法」。

當你「腦中一片空白」的時候，請一定要試試看。

其實孫總裁也會用這個方法。

孫總裁在創辦軟銀之前，也是用這個方法想出語音電子翻譯機的點子。

孫總裁有過一段很驚人的往事，他在美國留學時，規定自己「一天一發明」，大量發想新事業和商品創意。但是，他並不是靠品味或靈感來發想，而是實實在在進行「點子相乘」，才能汲取出大量的點子。

由於「點子相乘」是一項作業，因此人人都可以立即動手做。不需要特殊的訓練或學習。

只要照方法做，就能「迅速想出大量」的事業點子。

不要光用腦袋想，也要採取行動

接下來就讓我具體說明「點子相乘法」的具體作法吧！

要做的事非常簡單。

請準備一張紙，左半張為Ａ欄、右半張為Ｂ欄。

請在Ａ欄寫下當前趨勢的關鍵字。然後在Ｂ欄寫下公司的產品和服務。

寫越多越好，寫好之後，用線將每個字連起來。作業就只有這樣。

例如，你在Ａ欄寫下「ＩＧ發文」、「珍珠奶茶」、「感動」、「一百歲的人生」、「副業」等關鍵字。

然後，如果是在文具廠商工作的人，可能會在Ｂ欄寫下「筆記本」、「原子筆」、「貼紙」、「文件夾」、「橡皮擦」等公司的產品。

寫好之後，把這些字串聯起來就可以了。**不用想得太深入，如果覺得兩個字很搭或組合起來會很有意思，就用線連起來。**

單字連好之後，會許會出現「ＩＧ發文原子筆」、「珍珠奶茶貼紙」、「感動

■點子相乘表

主題

A欄

代表趨勢的關鍵字

B欄

公司的產品、服務

的橡皮擦」、「一百歲人生筆記本」、「副業資料夾」等單字。

這麼一來，你就能想到各種點子，例如「製作讓年輕女性想要上傳到IG分享的原子筆」、「在橡皮擦上印上令人感動的字句，做成禮盒也不錯吧？」、「由於政府鼓勵民眾從事副業，因此如果有可以管理各項工作的資料夾，應該很方便吧？」等等。

在這個階段，先不要想「公司的技術和設備夠不夠？」、「市場有沒有需求？」等現實的問題。在延伸點子的時候，不要被主觀想法和既定觀念綁住，從新組成的單字中去發想非常重要。

這麼一來，你可能會組合出新奇的字，並且從中想到新穎的點子。

年輕時的孫總裁，就是用相同的方法落實「一天一發明」。

孫總裁每天寫下自己想到的關鍵字，隨意組合這些字，讓這些字成為發明的靈感來源。雖然他曾經因為覺得用紙寫太麻煩，而製作了自動組合的電腦程式，不過他所做的一樣是「點子相乘」。

其中，他曾寫下「電子」、「語音」、「翻譯」這幾個單字，組合後才誕生了「語音電子翻譯機」的想法。

被稱為是天才的孫總裁，不光靠腦袋思考，他也透過親自動手做來汲取點子。

從「熱門商品排行」中看見趨勢

我在演講等場合介紹點子相乘法的時候，常常有人會說「想不出趨勢的關鍵字」。不過，不用擔心。你不必自己想到破頭。

你只要擅用外面的資訊就好。

網路、雜誌、報紙等媒體，都會刊登當季的流行資訊。你只要借用這些資訊就好。最具代表性的媒體包括《日經TRENDY》雜誌的「人氣商品預測排行榜」和SMBC顧問公司的「熱門商品排行榜」。只要到網路上搜尋，就能找到最新的結果。

例如，在二〇一九年的「人氣商品預測排行榜」中，第一名是便宜、高性能的體育服裝「WORKMAN Plus和迪卡儂（DECATHLON）」、第二名是「新年號風潮」、第三名是首次進軍日本的台灣書店「誠品生活」。

在這些字當中，「新年號」是所有企業的商品都適用的關鍵字。

這個預測排行榜在每年十一月公布，因此可以在公布後利用「新年號×公司商品」將點子相乘，並且在二〇一九年五月新年號生效時，推出新商品。

SMBC顧問公司的「熱門商品排行榜」則是按照相撲階級，依序從東西兩組的橫綱排序至前頭六（請參考下一頁的圖）。

二〇一八年的「西橫綱」是「大坂直美・大谷翔平」、「東橫綱」是「諾貝爾生理學或醫學獎」等名人和全球新聞，但如果能將排行榜中的「電競」、「加速無現金化」、「AI聊天機器人」、「高刺激食品」等關鍵字與既有的商品結合，應該可以產生很多有趣的單字。

這類**排行榜的方便性，在於它已經將趨勢整理成關鍵字**。

在前面提到的「人氣商品預測排行榜」中，第一名雖然是服飾品牌的名稱，但是它同時也點出了該品牌熱門的關鍵字「便宜、高性能服飾」。在「熱門商品排行榜」中，強碳酸飲料、燒酒碳酸調酒Chuhai的Strong系列、7-11的辣味泡麵「蒙古湯麵中本」等熱賣商品的共通點為高刺激性，因此排行榜中出現了「高刺激食品」這個關鍵字。

雖然我們不能直接沿用企業既有的名字「WORKMAN」，但卻可以使用「便

■2018年熱門商品排行榜（SMBC顧問公司）

東		西
諾貝爾生理學或醫學獎	橫綱	大坂直美・大谷翔平
人生一百歲時代	大關	平昌冬奧・FIFA世界盃足球賽
電競	關脇	敢 第100屆全國高等學校棒球選手權紀念大賽
勞動改革	小結	安室奈美惠
次世代行動通訊服務	前頭1	AI聊天機器人
加速無現金化	前頭2	直播銷售
殊 「被小智子批評」	前頭3	2025年關西萬國博覽會
築地市場搬遷至豐洲市場	前頭4	技 PocketTalk
虛擬YouTuber	前頭5	高刺激食品
Nintendo Labo	前頭6	日本橋再開發

殊…殊勳獎　敢…敢鬥獎　技…技能獎

資料來源：SMBC顧問公司官網

宜、高性能服飾」，而透過「高刺激食品」比直接利用「蒙古湯麵中本」更能想出更多點子。

這類排行榜讓我們不必自己一一查詢各種熱門商品，思考「商品的共通點是什麼？」然後再找出關鍵字，因此非常值得多加利用。

注意國外的成功創新事業

我們不只能利用日本的資訊。

如果你的英語能力不錯，請務必要活用全球的資訊。

經濟雜誌《富比士》（Forbes）每年都會在英文官網上，公布「值得矚目的新創企業」（These Are The Startups You Should Watch）排行榜。

例如，在二〇一九年公布的排行榜中，介紹了Globalchain這家B2B的資源回收事業。這個事業提供媒合服務，為企業或店家不需要的辦公室物品或資材，與需要這些資源的全球企業及個人進行配對。

看了這份排行榜後，由於可以知道「『BtoB Reuse』是國外熱門的趨勢關鍵字」，因此你就能加入自己的點子相乘中。

如果你想了解歐洲的趨勢，則可以參考科技、文化專業雜誌《WIRED》英國版的「歐洲的一百大當紅新創公司」（Europe's 100 Hottest Startups）。登上二〇一八年排行榜的其中一家新創公司 Anyfin 推出的服務，任何人只要拍下貸款明細照片並寄給該公司，該公司就會告訴你「有其他條件更好的貸款」，讓你為貸款進行再融資。

透過這份排行榜，我們可以知道「『with a photograph』（＝拍張照）是熱門的趨勢」，並使用這個關鍵字進行發想。

孫總裁落實「時光機經營術」，將國外成功的商業和服務引進日本，大獲全勝。搜尋引擎 Yahoo! 和智慧型手機 iPhone 都是最具代表性的例子。

積極運用國外的資訊，就能讓你開發全新的日本市場，在新的領域中成為第一。

就像這樣，只要利用「點子相乘法」，就能湧現大量的點子。

■國外的當紅新創公司資訊也能讓你收獲良多

《富比士》（Forbes）「值得矚目的新創企業」

https://www.forbes.com/sites/paularmstrongtech/2019/01/21/these-are-the-startups-you-should-watch-in-2019/

經濟雜誌《富比士》每年都會在英文官網上，公布「值得矚目的新創企業」（These Are The Startups You Should Watch）排行榜。

出典：『Forbes』英語版のHPより

《WIRED UK》「歐洲的100大當紅新創公司」

https://www.wired.co.uk/topic/europes-100-hottest-startups-2018

科技、文化專業雜誌WIRED》，每年都會在英國官網公布「歐洲的100大當紅新創公司」。

資料來源：《WIRED》英國版官網

要催生出好點子，有足夠的數量非常重要。

我說過要基於多產多死的前提思考一個事業的成功機率，而作為事業開端的點子，也很符合「鮭魚卵理論」的邏輯。

與其梭哈在一個點子上，不如以失準為前提，汲取大量的點子，從中一一檢證，留下一、兩個想法去執行，勝率還比較高。

如果你希望最後能打造「穩賺不賠的事業」，請「迅速且大量地」汲取各種點子。

方法② 點子檢核表～從既有商品和服務，延伸出多元的想法

當你想要從零到有催生出全新的商品或服務時，利用「點子相乘法」準沒錯，但是你也可能是希望改善、升級既有商品、服務，而需要提出新企畫。

這種時候你需要的是「點子檢核表」。

這是針對當下的課題盡量提出問題，思考「這樣做會怎麼樣？」，透過Q&A的方式從各種角度去汲取想法。

首先，先提出幾個大方向的問題。

包括「可以在其他領域運用嗎？」、「有沒有其他的應用方式？」、「能不能放大規模？」、「能不能縮小規模？」、「有沒有可替代的東西？」等。

然後針對每一個大方向，再去提出更細的問題。

就「可以在其他領域運用嗎？」的問題，可以再往下細問「有沒有可能推出法人專屬的服務？」、「有沒有可能推出個人專屬的服務？」、「有沒有可能針對其他行業推出專屬服務？」等。

就「能不能放大規模？」的問題，更細的問題包括「漲價會怎麼樣？」、「尺寸加大五倍會怎麼樣？」、「增加投資會怎麼樣？」等，而「能不能縮小規模？」的問題再深入一點，則是「能不能降價？」、「把尺寸縮小五倍會怎麼樣？」、「把成本降到目前的十分之一如何？」等。

「點子相乘」中運用的是熱門的關鍵字，而點子檢核表則是提出商場中常見的經典關鍵字。

我在第二一一頁提供了點子檢核表的範例，不過這些問題只是參考而已。請依照你公司的業態、業種並參考過去的成功模式，製作你的檢核表。

並且，將各個問題的答案填在回答欄裡面。

例如，飲料廠商工作的人，可以就公司目前推出的罐裝咖啡想想「能否增量五倍？」、「能否把容量減少至五分之一？」

最近，容量大的寶特瓶咖啡非常暢銷。只要想一想「能否加大尺寸？」就可以激發出這類新產品。

尤其公司員工對舊商品和服務通常會先入為主，認為「咖啡就是應該這樣」，而無法靈活思考。

這種時候，請一定要利用點子檢核表，跳脫思考的框架。靈活思考，才能想到不同於以往的點子。

■點子檢核表

主題

大方向	問題	回答
可以在其他領域運用嗎？	針對法人的服務？	
	針對個人的服務？	
	針對其他產業的服務？	
有沒有其他的應用方式？	相似產業的例子？	
	國外的例子？	
	過去的例子？	
哪裡可以變化？	能否改變規定等條件？	
	自動化可行嗎？	
	進行人事變動和組織改革？	
能不能放大規模？	能否漲價？	
	把尺寸加大五倍？	
	增加投資？	
能不能縮小規模？	能否降價？	
	將尺寸縮小至五分之一？	
	將成本降低至十分之一？	
有沒有可替代的東西？	利用既有的組織、業務流程？	
	利用既有的零件、系統？	
	外包給其他公司？	
能否重新配置？	可以改變排版嗎？	
	改成其他組織的作業和業務流程？	
	能否改變標準，重新配置？	
能不能反過來做？	將作業流程反過來？	
	目標客群反過來看？	
	將規格反過來做？	
有沒有可結合的商品？	能不能做成整套商品？	
	與其他事業結合？	
	有沒有共通點？	

想不到答案的話，
保持空白即可。

方法③「hop — step — jump階段性檢核表」
～將類似案例概念化，具體擬定新企畫

有時候我們會從主題開始發想新商品、服務或新事業的點子。

通常這種時候，公司或主管會丟出一個主題告訴員工「去想想有小孩要顧的雙薪家庭需要什麼APP」、「去研發高齡者會想買的保健產品」等。

在這樣的情況下，我們可以使用「hop－step－jump階段性檢核表」。

有主題，但沒有想法。這種時候，就可以利用「hop－step－jump」三階段檢核表來具體呈現新企畫。

在第一階段的「hop」中，寫下實際的熱門商品或爆紅商品。

假設你的主題是「新甜點」，那應該可以想到「珍珠奶茶」或「巴斯克蛋糕」。

並且，我們可以向沒聽過「巴斯克蛋糕」的人解釋，這是一種源自西班牙與法國國境城鎮巴斯克的起司蛋糕。Lawson一推出這款巴斯克風起司蛋糕，三天內銷售量就突破一〇〇萬，締造驚人的業績。

那麼，「珍珠奶茶」和「巴斯克蛋糕」的共通概念在哪裡？想想這個問題，答

案就會出現「來自國外、口感特殊的甜點」。

珍珠Q彈的口感深年輕女性歡迎，巴斯克蛋糕不僅「綿密柔軟」，更帶有「濕潤」的特殊口感。而且，珍珠來自台灣，巴斯克則來自歐洲的巴斯克地區。

以一句話來講，這些都是「來自國外、口感特殊的甜點」。

把這句話寫進第二階段的「step」中。也就是說，在這個階段，要把類似商品抽象化，變成概念。

如果可以把概念用文字表達出來，後續就簡單多了。

試著上網搜尋「國外」、「特殊口感」、「甜點」。

用這些關鍵字去找，就能找到全球各種熱門的甜點。

例如，義大利西西里島（Sicily）有一種叫做「杏仁糖磚」（pasta di mandorle）的傳統點心。雖然外觀看起來像餅乾，但由於使用杏仁粉代替麵粉，因此口感更為Q彈。

除此之外，俄羅斯的甜點「棉花糖」（Zefir）也很受歡迎。這種甜點，「口感介於棉花糖和果凍之間」。印度則有一種甜點叫做「印度酥糖」（Soan Papdi）。這種甜點觸感酥脆，卻入口即化。

■hop－step－jump階段性檢核表

例 hop－step－jump階段性檢核表

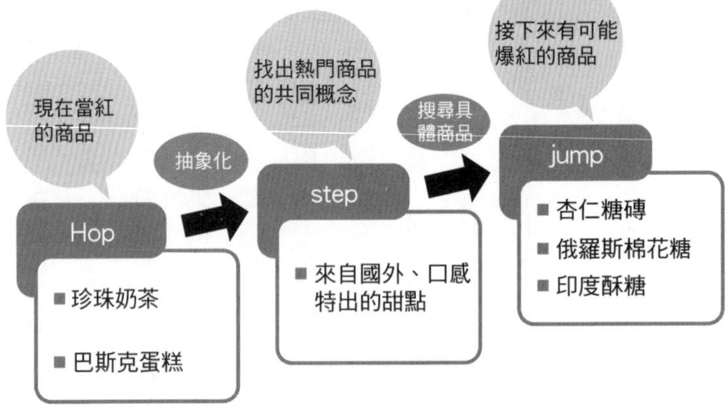

就像這樣，**將商品概念化，就能找到符合該概念的各種商品。**再把這些商品填入第三階段的「jump」。

如何？

很快就能想到很多有可能會熱賣的「新甜點」吧。

將想到的甜點做成商品，就很有機會延續珍奶與巴斯克蛋糕，創造另一波甜點熱潮。

主題訂好之後，將商品抽象化的過程也非常重要。

在前面的「點子相乘法」中，我們是直接利用關鍵字去思考。但在點子相乘法中，雖然可以將「珍珠奶茶」、「巴斯克蛋糕」等熱門商品填入表格中的左邊欄位，但是卻無法將商品概念化。

因此，販售綠茶飲品的公司，將自家公司的商品與珍珠奶茶結合後，可以想到「添加珍珠的抹茶飲品」。

實際上，也真的有店家推出加了珍珠的抹茶飲料，並且大排長龍。

因此，雖然點子相乘法是很有助益的發想方式，但如果希望更進一步想出嶄新且具體的企畫，就要靠「hop－step－jump階段性檢核表」。

當然，這兩個方法沒有好壞，都是很棒的發想法。只要區分使用即可，如果你想大量發想，那就使用「點子相乘法」，如果你已經設定好主題，希望想出具體的商品和服務的話，「hop－step－jump階段性檢核表」就會比較適合。

方法④ 三角形檢核表～從目標和需求衍生更多想法

你在思考新商品和服務時，也可能已經清楚掌握了目標客群和消費者需求。

「最近消費者喜歡這類產品」、「以前只有年輕人會買這個產品，現在中高年齡層也會購買」，你或許像這樣，已經察覺一些變化。

將你察覺到的變化連結起來，催生出一個點子的方法叫做「三角形檢核表」。如名稱所示，這個檢核表有三個欄位，並呈現三角形的形狀。將你察覺到的變化填入欄位中，用線把這些變化連起來。

並且，在連線上的橢圓形當中，寫下兩個單字的共通點。

這個檢核表，可以讓你從中想到具體的商品和服務。

例如，假設你在思考新式的咖啡飲料。

最近，傳統的罐裝咖啡銷量越來越差。飲料廠商一定知道，「這是因為喝咖啡的場合跟以前不一樣了」。

過去會喝罐裝或杯裝咖啡的人，以從事體力活的藍領階級和在外面奔波的業務員為主，通常他們在工作空檔或休息時間，站著迅速喝完咖啡後，就會立刻返回工作崗位。

然而，現在辦公室的白領階級喝咖啡的需求增加，「工作中也會想來一杯咖啡」。

那麼，這種情況中的關鍵字是什麼？

藍領階級的工作時間和休息時間分得相當清楚，但白領階級通常是邊工作邊喝咖啡。

因此白領階級不會一口氣乾掉整瓶咖啡，而是需要「買一杯，慢慢喝」。因此，首先要改變的地方，就是加大咖啡的容量。

因此，我們在「三角形檢核表」的其中一欄寫上「量多」。

喝比較多的話，就要避免味道太濃。一個飲品如果太甜、太濃，會令人無法喝太多。如果上班族大量喝黑咖啡這種刺激性較強的咖啡，一定會肚子痛。

所以，我們在三個欄位的另一欄寫上「方便順口」。

然後，再思考「量多」和「方便順口」之間可以用什麼單字串聯起來。以咖啡飲料來講，你會發現「添加少量牛奶的拿鐵，應該可以符合這兩個條件吧？」。因此，在連接這兩個單字的三角形另一角，寫上「拿鐵．奶味低」。

並且，由於上班族一杯咖啡可以喝比較久，因此如果咖啡翻倒、溢出，就會影響到工作。例如在辦中桌上打翻咖啡、沾到重要文件或浸濕電腦等慘事。

因此，我們在三個欄位中的最後一欄寫上「久放．不易溢出」。

最後，只要想怎麼把這個單字和「量多」連結起來。

■三角形檢核表

例 新的咖啡飲品

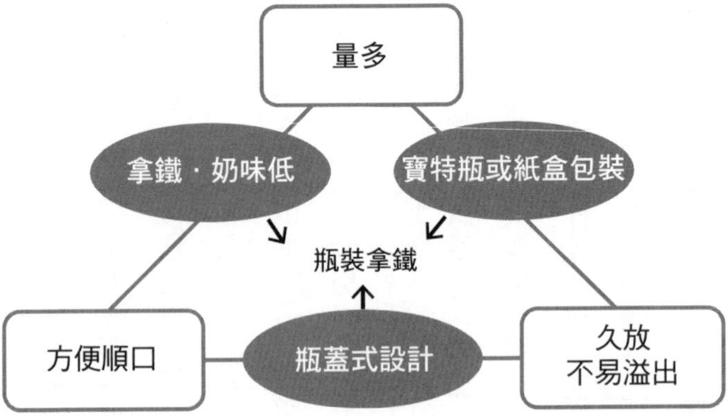

首先我們可以想到「寶特瓶和紙盒包裝容量大，又不易溢出」。因次，我們可以在三角形的一邊上寫上「寶特瓶或紙盒包裝」。

然後，思考「久放・不易溢出」與「方便順口」之間的關聯，則可以想到「最好可以每喝一口就把蓋子蓋起來」。所以，我們可以在三角形的一邊上寫上「瓶蓋式設計」。

完成這個三角形之後，我們就可以知道目標客群需要的咖啡飲品，必須符合「拿鐵・奶味低」、「寶特瓶或紙盒包裝」以及「瓶蓋式設計」的條件。

由於紙盒包裝無法用瓶蓋設計，

因此寶特瓶比較符合這個案子的需求。

因此，此時想到的新咖啡飲料就會是「瓶裝拿鐵」。

你應該也猜到了，我模擬了現在熱門商品「瓶裝咖啡」的發想過程。

雖然不清楚實際上廠商到底怎麼想到這個商品，但企劃負責人的思考過程，應該很接近這個模式吧。

總之，只要目標客群和需求夠清楚，就可以利用「三角形檢核表」，整理出商品或服務的規格和條件。

並且，如果三個以上的關鍵字，也可以把三角形變成四角形、五角形來進行相同的作業。

以上是四種讓你大量湧現想法的「作業」。

你覺得如何？有沒有覺得「這麼簡單，自己也做得到」呢？

就像這樣，**即使不靠品味或靈感，點子照樣可以源源不絕。**

坐在辦公桌前拚命想好幾個小時，也只是浪費時間而已。現在就立刻拿紙和筆出來，動手開始寫吧。

將想法轉換為事業時，你應該結合的三個關鍵字

利用上述方法想到新商品之後，別忘了再進行另一次點子相乘。

再這裡要相乘的的是第一章介紹的三個關鍵字，「平台」、「訂閱制服務」以及「個人化服務」。

好不容易想到好點子，但如果仍然以「買斷型商品」的傳統商業模式來經營，便很難培育出能在ＳＱＭ時代戰無不勝的事業。

從現在開始將事業轉型為「以體驗為單位的ＬＴＶ型」事業，才是ＳＱＭ時代的必勝法則。

讓我來介紹一個實際的例子吧！

有一位學員參加講座，學會「點子相乘」法之後，想到了很有意思的商品。

這位學員所使用的關鍵字是「想吃就吃」。

如你所知，「IKINARI STEAK」是一家在餐飲界急速成長的品牌。從這個品牌找到關鍵字的這位學員，將關鍵字與自己的工作「木地板打蠟」結合後，想出了

「想打蠟就打蠟」的新事業。

一般家庭常常會有替地板上蠟的需求。不過，如果要請打蠟公司來，業者會表示「要先初勘、估價，才能動工」。

在忙碌之中，還要多次與業者協調，初勘加上實際動工，至少要請業者到家裡兩次。說實話，這樣的做法只是徒增消費者的困擾。因此，到最後很多家庭總是會決定「等有空再自己上蠟好了」。

不過，這位男性學員將「想吃就吃」×「打蠟」結合，從中獲得靈感，想到「可以走訪潛在客戶存在的地區，直接當場提供初勘和估價服務，並且馬上動工」。

「想打蠟就打蠟」的名稱令人印象深刻，是很有趣的點子。

問題在於買斷型的服務模式，「結束當次的打蠟工作後，與顧客的關係就結束了」。

因此，我建議他「再將服務結合『平台』和『訂閱制服務』」。

如果我們用「想打蠟就打蠟×平台」去思考，或許就不必到家家戶戶拜訪，而是可以想到具體的策略，例如製作一個網站，媒合「希望不用初勘就能直接上蠟的人」和「可以立刻上工的業者」，又或者可以想到將事業連鎖化，讓客戶可以需要的時候直接利用服務。

如果以「想打蠟就打蠟×訂閱制服務」來思考，就不會設定單次的費用，而是可以展開「繳交固定費用，每三個月提供一次打蠟服務」的商業模式。

如果可以想到這些層面，就可以把你從上述作業中所想到的商品或服務，發展成「以體驗為單位的LTV型」事業。

或許有人會覺得「我們公司的商品，根本不可能發展成平台或訂閱制服務」。

但是，只要透過相乘法，你就會發現這只是你先入為主的想法罷了。

前面介紹的「瓶裝咖啡」，如果發展成「訂閱制服務」，或許就會變成「提供特定公司員工，可以用定額制喝瓶裝咖啡喝到飽」的服務。除了自家公司的產品之外，也可能想出「辦公室零食箱×瓶裝咖啡的訂閱制服務」。

將關鍵字與「平台」、「訂閱制服務」、「個人化服務」結合，就更能推陳出新。

必勝法則❷

借用人力，擬定事業計畫

「點子相乘法」等發想法，是可以單獨進行的作業。

發展新事業的第一步，就從這裡開始。

不過，想法就只是想法，就像是催生出事業的種子。若想將想法變成事業，就要思考「自己的公司真的可以把這個想法發展成事業嗎？」、「怎麼做才能事業化？」等現實課題，腳踏實地擬定事業計畫。

並且，從這個階段開始，就不適合單獨思考。

借助別人的力量，活用世界上的智慧和資訊，是讓計畫更有機會成功的秘訣。

社會大眾或許認為孫總裁是凡事都單打獨鬥的天才經營者，然而，實際上正好相反。就算他是天才，也是「借助他人力量的天才」。

當他在研擬是業計畫的時候，並不會一個人躲在總裁辦公室中埋頭苦思。他會從早到晚開會，與很多人討論後，運用對方的知識，最後再擬定一個「攻無不克」的事業計畫。這就是孫總裁的作風。

正因為他深知「單打獨鬥的能力有限」，因此才會毫不猶豫地選擇借用別人的腦袋。

不停開創新事業的「孫總裁式開會術」

那麼，實際上該怎麼借助別人的力量來擬定事業計畫？讓我來介紹具體的「孫總裁式開會術」。

①首先是「對牆練習」

孫總裁一有點子的時候，一定先從「對牆練習」做起。

我在總裁辦公室工作的時候，私下替孫總裁的作法取了這個名字，總而言之，就是找人討論。

大多時候，孫總裁討論的對象包括我和總裁辦公室的成員。

他經常在我工作途中，**突然說「喂，來一下」，「我剛剛想到一個點子，你覺得如何？」然後就這樣開始討論。**

而且，他提出來的都是無稽之談。他的想法聽在我們耳裡全都覺得「辦不到」。

不過，也不能因為這樣就默不吭聲，因此我們還是會把自己的想法說出來，例如「法律是怎麼規定的？」、「這樣會計很難結算吧」等等。

孫總裁聽完之後，會再說「那這樣做呢？」、「這個想法也不錯」等，因此我們會再提出自己的想法。就這樣反覆討論。

我們就像牆一樣，把孫總裁丟過來的球彈回去，因此我稱這個過程為「對牆練習」。

由於都是很臨時的討論，因此我們根本也沒時間事先準備或調查資料。

不過，這種來回抽球對於孫總裁是有意義的。

有時候球可能往意想不到的方向飛、也可能突然來個殺球，因此讓我們有機會發現「原來如此，也必須考量這一點」等整理出頭緒，這就是對牆練習的益處。

②將一天的討論做成簡報，邀請專家加入討論，擴大對牆練習的規模

就像這樣，整理出頭緒後，接下來就是「邀請專家加入」。

有些事情光靠孫總裁和總裁辦公室的成員是想不透徹的。

因此，我們會針對各種有疑惑的部分，邀請不同的專家加入討論。法律相關的事情，會邀請法務人員、會計則是財務人員，與技術相關的問題，則是請研發人員解答。有需要的話，也會請軟銀的律師、稅務師、會計師等加入討論。

總裁辦公室的成員回球的時候，想到什麼說什麼是有意義的，但是專家就必須提出更具體的回答。孫總裁喜歡問「這個怎麼樣？」、「可以這樣做嗎？」等，擊出難應付的球，積極汲取對方的知識和資訊。

孫總裁對於「借助別人的力量，完全沒有客氣」。「我希望對方能拿出真本事」，他就是如此頑強。

當他興致一來，就會接二連三地請人加入討論，甚至曾經一天開十二小時的會議，由此便可看出孫總裁有多麼重視對牆練習。

當事業計畫有雛型之後，他也會邀請業務人員加入對牆練習。

他會丟出「如果做得出這種產品，賣得出去嗎？」、「怎麼賣才能賣得好？」等問題，而業務人員則會回答「透過量販店的話，應該可以賣出這個數量」。連研發出商品或服務後，該怎麼銷售都列入具體的討論中。

進入這個階段後，也會對營業額和價格稍微有點眉目。

孫總裁的無稽之談，加上專家的智慧和資訊，在這個階段逐漸發展成實際的事業雛形。

並且，孫總裁喜歡將討論的內容寫在白板上，整合大家的想法。並且，在一天結束後，要我「把這個做成投影片」，隔天便立刻做出簡報。

然後，隔天早上又邀請新的專家加入對牆練習。儘管與會人員不斷地變，但由於還是可以透過簡報共享之前的討論內容，因此不必從頭說起，而是可以從昨天的結尾繼續深入討論。

開創事業通常會牽涉到很多人，因此必須與大家共享資訊。

如果每次跟不同人討論都要從頭說起，導致想出來的點子無法成形，根本就是浪費時間。將每天的討論內容更新至簡報中，是加速討論速度和深度的秘訣。

③將討論範圍從公司內部延伸至外部

光靠公司內部的員工，是無法開創新事業的。

我們必須視需求，從外部獲得所需的資金、人才及技術等資源。

因此，在下一階段孫總裁會邀請外部人士加入討論。

例如，如果想進一步了解如何籌措資金，就會邀請投資銀行的人員。對方若認為軟銀是潛在客戶，就會將最新的市場概況和金融科技等，整理成一整份豐富的報告。

而且，孫總裁不只會邀請一家公司，他會請三家公司提案，然後再比較每一份報告，吸收大量的知識和資訊。得到各家銀行的資訊後，就能提出「這家投資銀行這樣講，是真的嗎？」、「這家投資銀行提出的數據和你們有落差，為什麼會這樣？」等具體的問題，並進一步獲得更深入的知識和情報。

並且，孫總裁聽完三家公司的完整提案後，對金融方面的了解甚至不輸投資銀行的專家。

就技術方面，孫總裁會邀請系統公司和設備公司，銷售方面則會詢問代理商或廣告公司的意見，積極吸收專業知識和資訊。每一家公司都期待「計畫能順利發展成大事業」，因此也會盡全力與孫總裁進行對牆練習。

孫社長最厲害的地方，就是在這個階段就能使對方全力以赴投入事業。

他會問代理商「以這個單價來算，可以賣出幾個？」，當代理商給出一個數字，他就會立刻說「真的可以賣這麼多嗎？那我們絕對要先簽約。」聽到這樣的話，代理商就不會覺得是說說而已，而是認為到時候真的會由他們去銷售，因此就能提出更正確且實際的數字。

就像這樣，討論的內容越來越精準。

這些內容每天都會記錄在白板上，並且更新至簡報中。孫總裁每次開會，都會將別人的見解整理成簡報檔。

因此，**他的事業計畫可是集結了好幾十人、好幾百人的知識與智慧。**

孫總裁相當了解，若能借助別人的能力，事業計畫成功的機率比自己單打獨鬥高出好幾十倍、幾百倍。

④尋求生意夥伴

擬定事業計畫後，你的工作還沒完成。

你還必須找到生意夥伴。

在創業這條路上，始終堅守SQM思維的孫總裁，並非單打獨鬥勇闖商場。他之所以能迅速因應社會整體需求，提供社會所需產品和服務，全都是因為他認為做生意必須跳脫公司的框架，與其他公司合作，促進消費者利益最大化。

因此，孫總裁接下來的工作，就是拿著事業計畫書向生意夥伴提案。

假設孫總裁認為「做這門生意，必須要和微軟合作」、「做這門生意，必須要和ORIX聯合」，他就會與該企業的經營團隊開會。

就像我前面說過的，軟銀的提案內容並非只是單純預測數據，而是可以非常肯定地說「賣這個價格，銷售量可以達到多少」。讓合作企業看到我方的堅定，對方也沒理由拒絕。

雙方迅速決定合作後，便開始聯手一起準備新事業。

⑤三個月開創一個新事業，並對外公布

開始進行新事業專案時，孫總裁第一個動作就是「決定對外公開的日期」。

孫總裁決定好哪一天要舉辦記者會對外公布新事業之後，就會著手開始安排期

程。

也就是說，他會訂好一個絕對不能變更的期限。而且，孫總裁安排的期程短到超乎其他公司所能想像。

因此，合作公司和協力公司等所有參與專案的人員，都必須根據這個期限逆推自己該完成什麼事，全力以赴。

不過，參與事業計畫擬定的人員，都是在將自己當成團隊一員的共識下與孫總裁討論，因此他們在專案早期九已經知道自己應該做什麼。

所以，他們執行專案的速度比一般快上好幾倍。

我還在軟銀工作的時代，軟銀以這個方法每三個月就推出一個新事業。軟銀之所以能如此迅速、接二連三發展新事業，也是多虧了孫總裁式的會議術。

而且，每次研擬事業計劃的時候，孫總裁就會發揮經營者的魄力。

曾經看過孫總裁發表新商品或財務報表的人，就會知道我在講什麼，孫總裁永遠都是信心滿滿地回答所有的問題，兵來將擋。一般的企業開記者會的時候，經營高層通常只會在一開始出來致詞，致詞完畢後，就會說「接下來由技術長為大家說明」，將問題全部丟給幹部，然而，孫總裁則可以回答所有的問題。

這是因為他在開會的過程中，藉助了眾人的力量，並且汲取了大家的知識和資訊。他每天對牆練習、獲得協助，最後將這股助力內化為自己的智慧。

孫總裁之所以能成為日本經營者當中的佼佼者，全是拜每天開會所賜。

當然，人人都可以模仿「孫總裁式開會術」。

首先，請試著與周遭的人進行對牆練習。並且，逐漸擴大對牆練習的範圍。先與團隊內的人，接著是其他部門的人，再來是公司外部的人，像這樣逐步擴大與會人員的範圍，就能凝聚各種智慧，訂定成功機率高的事業計畫。

尤其是通常以自家公司的產品為出發點思考的人，越應該積極與各方人馬進行對牆練習。這麼做可以讓你逐漸打開狹窄的視野，站在「社會整體」而非「公司整體」的立場思考事情。

「孫總裁式開會術」是讓你能在SQM時代展現實力的事業規畫法。

「吃麥當勞」可以讓對方發言

想藉助別人的力量，最有效的方法就是開會。我想你應該已經明白這一點。

但是，並不是只要開會就能成功。

如果你想藉助別人的力量，就要想辦法讓別人展現智慧和表達意見。

努力安排會議，卻沒人願意發表意見的話，會議就會無疾而終，應該很多人有過這樣的經驗吧。

為什麼會發生這種事？因為沒有人想承擔風險。

如果自己的提案執行不如預期，就必須承擔責任。由於人人害怕負責，因此誰都不願意親上戰線。

那麼，怎麼做才可以讓大家開口？

你不妨參考孫總裁的作法。

我前面介紹對牆練習的時候，說過「孫總裁提出來的想法都是無稽之談」。我說的都是真的，就算是「預算絕對不夠」或「絕對會被客訴」的想法，他都會毫無顧慮直接提出。

不過，其實這才是**讓別人表達自己意見的絕招**。

與會人員當中，若由地位最高的人或領導階層先提出令人想吐槽的意見，其他人就會想「不會吧，一定有更好的想法」。

接著，他們就會比較能自在說出「所以，這樣做應該比較好吧？」。

我們在討論「Yahoo! BB」的促銷活動時，孫總裁突然脫口而出「在路上跟路人對到眼的話，就免費送出數據機好了？」

在場所有人聽到這句話，一定都會想「不會吧，一定有比『對到眼』更好的作法吧」。然後，他們就會陸續開始發表意見，例如「那如果和家電量販店合作，販賣服務呢？」、「電話行銷也不錯吧」。

我把孫總裁的這種做法稱為「吃麥當勞」。

和同事吃中餐的時候，如果主管問部屬「想吃什麼？」，部屬通常會客氣地回答「都可以」。

因此，如果主管說「那吃麥當勞呢？」，部屬就會想「不會吧，應該有比麥當勞更好的的選擇」。然後，就能順口說出「我知道有一家好吃的午餐餐廳，要去嗎？」

請大家利用這個法則，在開會的時候「吃麥當勞」看看。除了主管和管理層之外，當你希望旁人能夠踴躍發言的話，也可以故意說一些荒謬的想法。

這樣就可以促使大家積極發言。

用便利貼可以蒐集到大量意見

另外，還有一個可以在會議中集思廣益的方法。

這就是請大家把意見寫在便利貼上。

我在軟銀的時候，每次只要開專案啟動會議（Kick-off Meeting），就一定會發便利貼給所有人，請他們「寫下達成專案目標的方法」。

由於日本人個性害羞，因此未必會主動發言。尤其是若大家在會議上初次見面更是如此。並且，如果會議中有高層或資深人員在場，年輕員工也會比較不好意思說話。

然而，很神奇的是，如果我請他們「寫在紙上」，大家就會同時開始動筆。我通常都是每個人發三〇張便利貼，而由於日本人非常盡忠職守，因此給越多張紙就能蒐集到越多想法。

接下來把所有意見都貼在白板上，移動便利貼的位置，整理大家的意見。「這是有關交期的意見」、「這是和預算有關的問題」，把類似的意見整理再一起，就可以知道完成專案的整體流程。

這麼一來，很快就就能整理出有哪些工作待辦。

接下來只要分配工作跟決定日程，就能開始執行專案。

在瞬息萬變的現代，點子和速度都是決勝關鍵。花時間看彼此臉色做事，實在是太浪費時間了。

想要借用成員的力量「迅速且大量」獲得點子，就請一定要活用便利貼。

必勝法則❸

訂定「暴風式成長策略」

擬定好事業計畫後，接著必須訂定有助於事業快速成長的策略。

就像我在第二章中所說的，未來如果要推展新事業，首重的目標就是「顧客終身價值（LTV）最大化」。

與顧客維繫長期的關係，讓每位顧客貢獻的價值達到最大。

企業想持續獲利，就不能欠缺LTV的概念。

軟銀的「三次元經營模式」

軟銀有一個自己的「勝利模式」。

軟銀從發展無數發展新事業和培育高ＬＴＶ價值事業的經驗中，建立起這樣的策略。我將該策略命名為「軟銀三次元經營模式」。

透過「顧客人數×顧客單價×殘存期間」公式，計算公司的長期營業額（「殘存期間」指顧客持續使用商品或服務的期間）。

因此，將計算出來的金額扣掉成本即為公司的營業收益，公式如下。

營業收益＝（顧客人數×顧客單價×殘存期間）－（顧客獲取成本＋顧客維持成本）

軟銀的策略就是階段性地控制公式中的五個數字，讓ＬＴＶ達到最大化。

具體而言，包括下列四個階段。

- **第一階段：「增加顧客人數」。**
- **第二階段：提高「顧客單價」。**
- **第三階段：降低「顧客獲取成本和顧客維持成本」**
- **第四階段：拉長「殘存期間」**

《第一階段》

新事業首要之務就是增加「顧客人數」。

就像我在第二章所說明的，軟銀的必勝模式是「迅速攻下第一名的寶座」。在初期階段吸引人潮，才能開通網路外部性，促使顧客人數繼續增加，形成良性循環。

尤其是平台，若無法增加使用人數，就無法發揮「場所」的功能。

那麼，如何才能增加顧客人數？

方法就是**「提升知名度」**。

因此，軟銀總是會大張旗鼓開記者會，發布新商品或服務。

不過，軟銀並不是強力放送電視廣告或平面廣告。

提高發表內容的新聞價值，讓電視台和報紙大肆宣傳，才是軟銀一貫的做法。採取這樣的做法，實際上要花的成本，只有記者會的場地費而已，但效力卻媲美電視廣告。

在推出「Yahoo! BB」的記者會中，公開「ADSL月租費九九〇日圓」的破盤價，也是為了提高新聞價值的策略。

實際上，加上數據機的租借費和ＩＳＰ的使用費，月租費為二八三〇日圓，但孫總裁卻只強調ＡＤＳＬ的月租費。

也因此，電視媒體和報紙大舉報導「Yahoo! ＢＢ」的新聞。最後，「Yahoo! ＢＢ」知名度大為提升，幾乎所有網友都知道這項服務的存在。

民眾或許會認為「那是因為軟銀有錢，才能大肆宣傳」，但是你仔細想想，就會發現很多人都是從電視新聞和報紙得知軟銀的新商品和新服務。

然後**在做好虧損準備的覺悟下，打出「免費」服務，讓使用者一夕爆增。**

推出「Yahoo! ＢＢ」的時候，就舉辦了「數據機免費送活動」。那時候，申辦服務後二個月內，隨時都能取消服務，並且不會衍生任何費用。

而且，數據機的安裝費也是免費的。雖然具備網路知識的人可以自行設定，但一般人可能會因為「不太清楚怎麼弄，好像有點麻煩而打退堂鼓」。為了將一般民眾的心理障礙降到最小，採用了「免費」的策略。

我在第二章也說過，「短期虧損不重要，首要之務是在該事業領域成為老大。未來只要徹底追求ＬＴＶ最大化即可」。

《第二階段》

顧客人數增加後，接著就要想辦法提高「顧客單價」。

在第一階段可以接受虧損，但從這一階段開始，就要提高每位顧客的消費金額，讓營收轉虧為盈。

「加值服務策略」可以有效提高顧客單價。

我已經說過，當企業提供高附加價值的服務，使用者就比較容易接受平台化或訂閱制服務。

利用這一點提高顧客單價，就能增加LTV。

「Yahoo! BB」推出一年半後，軟銀開始提供加值服務，讓使用者可以追加IP電話和無線網路的套裝服務。

包含各種費用在內，月租費總共為四五三三日元。推出該加值服務之際，軟銀也打出「新用戶最多享有兩個月免費」的宣傳活動，降低了使用者的心理障礙。

由於過去的網路都是有線網路，因此使用者只要用過一次，就能感受到無線網路的方便性。所以，很多用戶免費試用後，幾乎都會選擇續約。

最後，服務剛推出時，費用約落在二〇〇〇日圓的顧客單價，立刻翻漲至二倍，來到四〇〇〇日圓左右。由於「顧客人數×顧客單價＝營業額」，因此在第一、第二階段只要提高這兩個數字，就能讓營業額最大化。

很多企業推出新事業後，經常面臨「業績沒有成長」的問題，這種時候，除了顧客人數之外，解決之道也包括思考如何提高顧客單價。

《第三階段》

營業額達到最大化後，接下來要做的是**降低「顧客獲取成本和顧客維持成本」，增加利潤。**

我在第二章說過，「Yahoo! BB」推出之際，軟銀砸下重金來獲取顧客，在日本全國展開大規模的促銷活動。顧客獲取成本，高到讓軟銀連四季虧損。

為什麼軟銀要砸重金舉辦大規模的促銷活動？這是因為要實踐「鮭魚卵理論」和「DPCA」。

以失敗為前提多方嘗試，能成功的一、兩個策略，就是最強的策略——。軟銀基於這個理論，透過數十家代理商在日本全國街頭幾千個地點，免費發送數據機。

並且，必須實際去做，才知道哪種促銷手法能獲得最多顧客。因此，軟銀依據

「行動優先的原則，盡量嘗試、盡量失敗，找出了最適合的促銷手法。

當其他公司認為「先試幾個方法，再慢慢擴大規模」的同時，孫總裁堅持**「嘗試各種方法，用數字驗證結果，找出最好的方法」**。因為他知道這是讓營業利益最大化的唯一方法。

多虧了這個方法，軟銀可以一次蒐集到「實測值」，用數字驗證哪種促銷手法的效果最好。

並且，集中火力進行顧客獲取效果最好的促銷活動，成功大幅降低「客戶獲取成本」。

同時，軟銀也透過增加客服中心的效率，降低了「客戶維持成本」。

最後，軟銀由虧轉盈，二〇〇五年的營業利益約六〇〇億日圓，二〇〇六年約二七〇〇億日圓，營業利益逐年增加。

《第四階段》

營收轉盈並打好事業基礎後，就要想辦法延長「殘存時間」，這是讓LTV最大化的關鍵數字之一。

想讓ＬＴＶ達到最大化，就必須盡量拉長每一位顧客使用服務的時間。

軟銀為了以實測值掌握「殘存時間」，**也分別透過銷售管道和銷售手法進行測試。**

測試過後，軟銀發現「在家電量販店連同電視和ＡＤＳＬ服務一起購買的顧客，殘存時間比較長」。

像這樣持續測試，**就能區分「殘存時間長和短的顧客」**。也就是說，可以讓我們分辨**「哪些是應該積極爭取的客戶，哪些不是？」**。

殘存時間長的顧客，產生客戶獲取成本的同時，也會帶來利益。但殘存時間短的顧客，產生客戶獲取成本後，卻會導致企業虧損。

就像我在第二章所說明的，我們可以用下列公式算出每一位顧客的ＬＴＶ。

- **銷售產品**

ＬＴＶ＝（平均購買單價×購買頻率×持續購買期間）－（客戶獲取成本＋客戶維持成本）

- **銷售訂閱制服務**

LTV＝（用戶年交易額×持續購買期間）－（客戶獲取成本＋客戶維持成本）

「持續購買時間」跟「殘存時間」的意思一樣。

因此，進入第四階段後，如果已經掌握公式中的各項數值，就能算出每一位顧客的ＬＴＶ。

之後只要持續驗證ＬＴＶ，將成本集中投入至高ＬＴＶ的顧客身上，就能做到孫總裁說的「做生意要像牛的口水一樣細長而不中斷」。

如何？

我想你已經了解，軟銀看似聲勢浩大的經營方式，其實背後有著非常縝密的策略。

軟銀目前推出的手機支付服務PayPay，正處於「三次元經營模式」的「第一階段」。

軟銀大張旗鼓公布「一〇〇億日圓大方送」、「註冊就能獲得五〇〇日圓優惠券」的優惠活動，提高服務知名度並一口氣增加了眾多的顧客人數。這種做法完全遵從了三次元經營模式「不必太在意虧損，先增加顧客人數，全面取得第一」的規則。

事業計畫光說不練，事業是無法茁壯的。就算行動力十足，若缺乏策略，仍無法保證能永續經營並獲利。

因此，擬定事業計畫後，請務必要參考軟銀的三次元經營模式，訂定策略控管每一個階段的數據。

另外，有關孫總裁擅用數據的經營方法，在敝作《孫正義解決問題的數值化思考法：把問題化為數字，一次解決效率不佳、工作瓶頸、人才流失等關鍵問題！》中有更詳盡的介紹。

對三次元經營模式有興趣的人，請參考這一本書。

以「成長」、「品質」、「利益」三種導向設定ＫＰＩ

我在前一節說要根據事業的發展階段擬定策略，控管五個數字，不過管理指標ＫＰＩ（Key Performance Indicator：關鍵績效指標）也會跟著發展階段改變。

發展階段大致上可分為「成長導向」「品質導向」「利益導向」三個階段，

每個階段都要改變KPI。

「成長導向」是指拉升營業額的時期。

這個階段的績效指標是**「新顧客人數」和「客單價」**等。並且，也有KPI是根據商業模式設定的，例如汽車共享服務的指標是「司機人數」、網路上的電商則是以「網站成交總額（GMS，Gross Merchandise Sales）」為指標。

我們需要「數量」才能拉升營業額，因此請依據事業形態和發展階段設定KPI，掌控數據。

「品質導向」是提升服務品質的時期。增加顧客人數後，如果服務品質差，照樣留不住客人。

例如，網拍業者必須設定**「得標率」、「投標率」**等KPI，並提高數值。共享汽車服務的指標則是「媒合率」和「配對時間」等。

「利益導向」是擴大利潤的時期。

這一階段的主要指標是**「客單價」、「收益率」**。企業藉由提供高附加價值的加值服務，可以拉高這兩個數字。

設定KPI的時候，最重要的就是別弄錯這三個階段的順序。

一開始就用「利益導向」來設定績效指標，是常見的錯誤之一。

很多公司將避免虧損視為第一，只在意收益率，但是我們可以從軟銀的三次元經營模式看出，若一開始就追求利益，並無法讓事業迅速成長。

只要看Amazon，就可以了解「成長導向」→「品質導向」→「品質導向」的順序有多重要。

就像我在第二章所說的，Amazon創業近十年持續虧損，堅持與追求利益逆道而行。

Amazon先在書籍的領域增加顧客數、提升網站成交總額。然後再增加商品種類，增加方便性，提高服務品質。最後，利用加值服務「Amazon Prime」提高客單價和收益率。

Amazon完全就是按照「成長導向」→「品質導向」→「品質導向」擴大事業規模的最佳範本。

設定KPI的時候，請配合三次元經營模式，依這三個導向的順序並考量事業內容決定指標。

從小樹開始茁壯的「以小搏大策略」

現在的軟銀是日本知名的大企業，只看到軟銀光鮮亮麗一面的人，或許或認為「就是因為軟銀財力雄厚，所以才能將企業規模擴展到這麼大」。

但是在不久之前，軟銀還只是眾多新創企業之一而已。

軟銀創設「Yahoo! BB」的時候，除了孫總裁，專案成員只有我和工程師兩個人，辦公室也不過是小公寓中的一間房。

成立「Yahoo! BB」不久前，日本剛經歷網際網路泡沫化，軟銀的股價，市值暴跌到只剩一〇〇分之一。因此，當然軟銀面臨資金、人力兩困的窘境。軟銀像小規模的新創企業一樣重新出發。

然而，僅僅三年軟銀就收購日本Telecom。再二年後則以一兆五〇〇〇億日圓收購Vodafone，一口氣擴大了軟銀的電信事業。

軟銀之所以能快速成長，靠的是「以小搏大策略」。

我想大家都聽過稻草富翁的故事。有一位貧窮的南子拿著一根稻草和大家交換物品，他換到了高級的和服和馬，最後更換到一間豪華的房子，過著有錢的生活。

選擇不起眼的東西，與別人交換手邊的物品，慢慢提高價值，最後終於獲得真正想要的東西。

將這個故事應用在做生意上，就成了以小搏大策略。

就像我已經說過的一樣，軟銀投入ADSL事業前，ADSL被認為是小眾市場乏人問津，所有人都覺得「這種生意賺不了錢」。

總之，當時**ADSL事業就是眾人眼中的「稻草」。**

但是，軟銀卻大舉進攻這個小眾領域，成為第一。軟銀得到五〇〇萬的顧客。孫總裁用這樣的戰績做交換，收購了日本Telecom。

「軟銀擁有五〇〇萬名用戶，而且這些用戶都會IP電話。若軟銀和日本Telecom聯合，就能結合日本Telecom的市話服務，擴大公司規模。」

日本Telecom聽出孫總裁話中的價值，並同意收購。軟銀就此得到日本Telecom數百萬名的用戶和優秀的電信人才。

就這樣，以電信公司之姿締造輝煌戰績的軟銀，獲得市場相當高的評價，成功籌措到過去不可能籌到了巨額資金。正因如此，所以軟銀在當時才能以史上最高的價格一兆七五〇〇億日圓收購Vodafone。

就這樣軟銀成為擁有手機事業和市話事業通吃的綜合電信公司。後來，也在日本取得iPhone的獨家銷售權，以光速擴大公司的規模。

就像這樣，軟銀選擇一般人認為「沒價值」的事業做起，用成果不斷換取價值更高的東西後，變身成現在的大型企業。

就算還沒有足夠的資金和成績，只要實踐孫總裁的理念「成為小眾市場的第一」，就能擴展事業規模。

「公司幹嘛去做這種小規模的新事業？」，如何反駁別人的這種想法

從書籍開始販售的Amazon和主打鞋類商品的LOCONDO等，前面所介紹過的例子中，有很多實踐「以小搏大策略」的企業。並且，這兩家企業在剛創業之初，一定就充滿野心，「Amazon未來將販售各類商品」、「LOCONDO將成為服飾、包包等流行服飾購物網站的贏家」。

儘管如此，兩家企業都刻意從小規模做起。這是因為他們知道**成為「小領域中**

的第一」，就能像稻草富翁一樣擴大事業的價值。

若你未來想要投入新事業，小公司或資金有限的公司，更要基於以小搏大的思維擬定成長策略。

另外，我也經常遇過這種案例，在大企業工作的人提出新事業企劃案，卻被認為「我們公司幹嘛去做這種小規模的新事業？」而遭到否決。

這種時候，只要能向公司說明「從長期來看，利用以小搏大策略就能讓事業大幅成長」，公司就能理解你的想法。

「雖然你的目標很大，但為了可以達成目標，反而要先投入小領域」，表明自己的想法和長期策略，就會產生說服力。

利用「市場區隔」，創造成長領域

我在第二章說過，想讓事業成長，就要持續轉搭「上升的電梯」。

不過，很多人應該會出現這樣的想法。

「就算你這麼說，現在日本哪還有什麼成長的產業。難道所有的公司都要轉型為ＩＴ產業嗎？」

當然，企業不須要這樣做。我還有其他的對策。

即使是低成長的產業和業種，只要從中找出「成長的領域」就能殺出一條血路。

建立嶄新的領域，使之成為新的成長產業。

這就是研擬事業策略的重點。

我開創個人英語學習事業「TORAIZ」的時候，也是運用這個策略。

其實，日本成人外語補習班的市場，這幾年都呈現成長停滯，維持在二一〇〇億日圓左右的規模。

整體市場看似飽和，未來也沒什麼太大的成長潛力。

但是，我想做的是「依照個人需求規劃課程的英文補習班」。

雖然現在有越來越多這樣的英文補習班，但在那個年代，英文補習班都是提供所有學員相同的課程內容和教材。當時的市場，並沒有TORAIZ這種「個人化英文對話學習教育」。

因此，我調查了其他產業的教育學習服務。

■將視野從「公司」放眼至「社會」

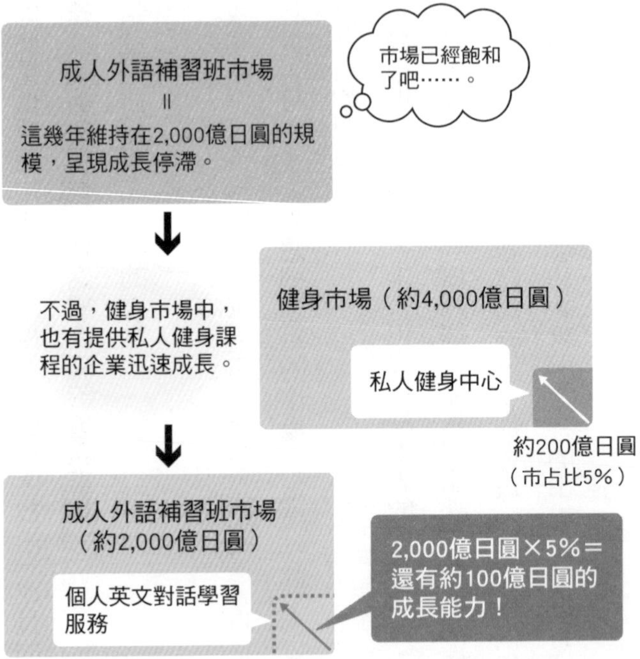

具體而言，我調查的企業是RIZAP。

雖然健身和英文對話提供的是不同的教育內容，但就提供個人化的高附加價值服務這一點而言，RIZAP和TORAIZ是相同的。有多少人認為即使RIZAP的費用比一般健身房貴，但如果能依照自己的需求規劃健身課程，還是會想加入，我認為只要了解多少人有這種想法，就能大概掌握TORAIZ的學生規模，知道「有多少人願意付更高的學費給TORAIZ，接受個人化的課程」。

我調查過後，發現當年RIZAP的年營業額約為二〇〇億日圓。由於健身市場整體的營業額規模約為四〇〇〇億日圓，因此RIZAP的市占比約為五%。

我由此推估，當年市場中沒有的「個人英文對話學習服務」，大概還有一〇〇億日圓規模的成長潛力。

假設還有另一家公司與TORAIZ競爭，那還有五〇億日圓，就算競爭公司有四家，個自有都還有二〇億日圓的成長性。

而且，由於建立了嶄新的市場，因此也有望在「個人化英文對話學習市場」中達到倍數成長。

也就是說，這樣就能搭上「往上的電梯」。

就算我說必須「迅速攻下第一的寶座」，或許還是有人會擔心「在各式各樣服務存在的現代，還有可以讓我們成為第一的小眾市場嗎？」，但是**我們卻可以用對的方式創造出對自己有利的領域。**

關注成長率。地球上到處都有正在成長的市場

還有另一個方法可以找到成長領域。

那就是將目光放眼日本以外的市場。

雖然日本處於低成長的時代，但世界上還是有很多成長中的市長。因此不要太堅持非日本不可，從國外開始創業也是一個選擇。

從GDP（國內生產毛額）的成長率就可以知道哪一個國家或地區屬於成長市場。

日本景氣回溫的期間已經超越「伊奘諾景氣」（いざなぎ景気），成為戰後第二長，二〇一三年至二〇一七年的GDP年成長率從負〇．四％爬升至二．六％。

而在一九六六年至一九六九年間，日本的GDP年成長率從一一％增加至一二．四％，由此便可知道現在的日本成長速度相當緩慢。

那麼國外又是什麼狀況？例如，越南二〇一八年的GDP成長率約為七％。

因此，簡單算起來，就算是相同的事業，在越南做比在成長率一％、龜速成長的日本創業，更可能達到七倍的成長。

總之，想像「如果有一台電梯一分鐘只能上升一〇公尺，另一台一分鐘可以上升七〇公尺，你會選哪一台？」。

如果花同樣的心力可以加速七倍，選擇成長率高的國家創業，絕對比較占優勢。

其實，只要知道成長率，就可以簡單算出「需要幾年才可以讓目前的營業額成長二倍」。有一個法則叫做**「七二法則」**，也就是用「七二」除以成長率。

假設你的事業領域成長率為八%，那就是「七二÷八（%）＝九年」。相較於此，若是成長率一%的事業領域，則「七二÷一（%）＝七二年」，等於要花八倍的時間。

即使時間比較久，但如果還能維持正成長也就罷了，最怕的就是負成長的領域。若事業領域為負成長，用這個公式即可算出「幾年後營業額會下滑至二分之一」。

若你的事業目前的成長率是負二%，則「七二÷二（%）＝三六」，也就是三十六年後市場規模會萎縮至目前的一半。

若企業執意留在GDP經常呈現負成長的日本市場，事業也會跟著萎縮。若想遠離這種困局，就只能從低成長的市場中找到成長領域，或者投入高成長率的市場。

孫總裁之所以投資阿里巴巴，就是看中它的成長率

孫總裁總是鎖定成長率。因此他才能超前部屬，投資國外的成長企業。軟銀在二〇〇〇年投資中國的阿里巴巴。這項投資距今已近二十年。

當時在總裁辦公室工作的我，經常與孫總裁一起檢視各國的GDP和各國企業的成長率，當時急速成長的國家便是中國。

因此，我們利用「中國×IT」鎖定成長領域，最後決定投資阿里巴巴。阿里巴巴前一年剛創辦，當時日本沒人認識阿里巴巴，儘管如此，孫總裁看到「成長領域×成長領域」背後的無限成長潛力，因此決定投資。

當時，取得阿里巴巴股票的費用約二〇億日圓。而現在，軟銀集團持有的阿里巴巴股票，獲利達到約一四兆日圓。

獲利之所以能這麼驚人，是因為**孫總裁鎖定各國和各事業領域的成長率。**

現在軟銀會透過投資基金投資各種事業，但最重要的投資基準仍舊是成長率。

跨國境的日本年輕企業家值得期待

很多人會覺得「話雖然這樣講，但國外創業的門檻很高吧」。

不過，很多年輕的創業家卻大膽跨越門檻，積極勇闖國外。

其中一家AnyMind Group是創辦於二〇一六年的數位行銷公司。

AnyMind成立於新加坡，接著陸續進駐泰國、印尼、越南、柬埔寨等國家。成立後二年，即擴點至十一個國家和地區，目前包含東京在內，在全球總共有十三個據點。

AnyMind二〇一六年剛創業時，營業額約一四億日圓，隔年二〇一七年即迅速翻倍成長至約二八億日圓，企業身價也跟著上漲。AnyMind曾獲得LINE公司和未來創生基金等公司的資金挹注，二〇一九年三月所獲得的資金總額高達約四〇億日圓。

創辦人兼執行長的十河宏輔表示，之所以會選擇東南亞創業，是因為看上了「市場成長率」。由於當時東南亞的市場競爭少，因此他認為在高成長率的東南亞創業，成長速度將高於日本。

這樣的想法，與孫總裁選擇在嶄新領域迅速攻下第一寶座的孫總裁式策略不謀而合。十河宏輔創業時僅二十幾歲，我相信未來會有更多年輕人選擇到海外創業。

「日本企業就該留在日本」已經是古板的想法。

在這個透過網路就能連結全世界，交通網絡發達、國與國之間距離縮短的現代，創業時必須將國外納入考量。

「低成長不可怕。成長領域俯拾即是」。

請把這句話當作信念，用更寬廣的視野找出向上的電梯。

必勝法則❹

利用「孫總裁標準」，徹底驗證你的事業計劃

檢查你的「事業計畫是否具備成功潛力」

提出豐富的想法，運用他人的力量擬定事業計畫，規劃長期的成長策略。

做到上述幾項，就等於「完成前置作業」。

「才到前置作業？」你可能感到訝異，但是想要提高事業的成功機率，還要做一件事。

我希望你可以檢查你的事業計畫是「應該立刻執行的好計畫」或是「有待加強的事業計畫」。

■事業計畫的必備檢核表

- □ 事業是否看得到願景？
- □ 事業能否平台化？（或者加入訂閱制和個人化服務的要素？）
- □ 事業是否能維持穩定？
- □ 是否為高LTV的事業？
- □ 事業是否能在特定領域成為第一？
- □ 事業所屬領域，是否具備一定的成長潛力？
- □ 固定費用是否控制得宜？
- □ 是否為「疼痛程度達到10分」的事業？
- □ 是否存在著「首位顧客」？
- □ 有試算過市場規模嗎？
- □ 是否處於「產品生命周期」的導入期？
- □ 單價和服務內容是否能降低使用者的風險？

本書已經介紹過幾個「穩賺不賠生意」的條件。

為了幫各位讀者複習並進行總整理，我列出七項「孫總裁挑選事業的檢核重點」。

◎第一項：事業是否看得到願景？

對於事業而言，願景是吸引「人才、物力、資金」的旗幟。

孫總裁揭示了「透過資訊革命，創造人們的幸福」的願景，讓軟銀獲得全世界的各種資源，擴大事業版圖。

「因為想賺大錢」、「因為希望公司獲得創新的美譽」等，願景只有這種程度的事業，就有很高的可能失敗。

你希望「透過這項事業獲得什麼？」，你為事業打造了願景嗎？

◎第二項：事業能否平台化？（或者加入訂閱制和個人化服務的要素？）

軟銀自創辦那一刻起，便以平台為導向。

軟銀不自行製造商品，而是藉由提供一個吸引人才、物力、資金、資訊的「場所」，打造了穩贏的生意，「無論其他企業如何爭個你死我活，軟銀都能生存下來」。

你的事業是否能成為平台？

或者，你的事業是否結合了訂閱制服務和個人化服務？這些與平台一樣，都是SQM時代必備條件。

◎第三項：事業是否能維持穩定？

孫總裁之所以堅持打造平台，是因為希望能建立「穩定的事業」。

像遊戲一樣，一上市就定生死的事業，紅起來的話可以賺進大筆鈔票，但如果乏人問津，就會造成嚴重虧損，具有不穩定性。

而平台一旦可以聚集到人和物品，發揮「場所」的功能，就能為企業帶來穩定的獲利。

定額制的訂閱制服務可以每個月對用戶收取費用，個人化服務結合會員制和定額制的話，也能吸引用戶持續使用。

你的事業是否建立了穩定的商業模式？

◎第四項：是否為高LTV的事業？

在價值從「擁有的價值」轉變為「體驗價值」的現代，買斷型事業的成長空間有限。

企業應該把目標放在「顧客終身價值（LTV）」最大化。

因此，企業在研擬事業計畫的階段，就應該利用「LTV＝（平均購買單價×購買頻率×持續購買期間）－（客戶獲取成本＋客戶維持成本）」的公式，訂定策略，管控每一階段的數字。

你的事業能否提升LTV？

◎第五項：事業是否能在特定領域成為第一？

如果你想提升LTV，就必須「迅速攻下第一」。

只要能在特定領域成為第一，就能不斷吸引人才、物力、資金及資訊。這麼一來就能使網路外部性發揮功效，增加顧客人數和擴大事業規模，產生良性循環。

可以令事業成為第一的領域，無論市場再怎麼小眾都無所謂。

找出別人不做或競爭者稀少的領域，迅速在這個領域攻下第一，就算之後有其他競爭企業加入，也幾乎難以翻轉你的事業地位。

並且，無論是多小的小眾市場，只要成為第一，企業價值也會跟著高漲，使企業更有機會籌措到資金和人力。

你的事業可以成為第一嗎？

◎第六項：事業所屬領域，是否具備一定的成長潛力？

想擴大事業規模，必須搭乘「往上的電梯」。

在整體市場成長的領域中，就算你停下腳步，還是會被自動推升。

用心尋找或者前進高成長率的國家、市場，就能找到成長領域。

在低成長率的日本，最忌諱的就是投入負成長的領域。

你的事業是否具備一定的成長潛力？

◎第七項：固定費用是否控制得宜？

雖然你可以盡量失敗，但軟銀的底線是避免全面虧損。

因此，孫總裁相當重視控制固定費用。

只要固定費用不高過營業額，就能避免公司倒閉。尤其剛開始發展新事業的時候，由於沒有現金流入，因此將辦公室租金、水電費、人事費等費用控制在最低非常重要。

你的事業所花費的固定費用是否夠低？

以上是「孫總裁標準」的檢核列表。你的事業做到了幾分？如果有不符合的項目，我建議你重新擬定事業計畫。

別忘了確認這幾點！讓事業計劃「加分」的五項要點

我在前面介紹了孫總裁選擇事業的幾項標準。

從這一段落起，我要基於我從孫總裁身上學到的和我本身創業的經驗，再多介紹幾個創業的重點。

◎是否為「疼痛程度達到十分」的事業？

我當顧問的時候，有很多機會檢視大企業的新事業計畫，以及聆聽年輕創業家的想法，而我認為「會失敗」的事業，通常有一個共通點。

「疼痛程度」低。

當你有蛀牙，而且痛不欲生、一秒都無法忍受的時候，一定會很想馬上衝到牙醫診所。

「醫療費再貴我都願意付，請立刻幫我治療蛀牙！」

這就是「疼痛程度十分」的狀態。

也就是說，這樣的狀況換成做生意，就是**「顧客不在意成本和風險，堅持購買某個商品或服務」的狀態。**

只要擬定「疼痛程度十分」的事業計畫，就等於拿到了成功的入場券。

最近很常看到的「Product-Market Fit（PMF）」，我認為是與「疼痛程度十分」相當類似的概念。PMF的意思是指「提供能解決顧客問題的產品，產品符合市場需求的狀態」，這是新創企業成功的條件

然而，很多時候，當我向顧客說明疼痛的定義並問他們「你的事業計畫，以疼

痛程度一～十分來講，大概有幾分？」，得到的回答多是「嗯，三分左右吧」。

很遺憾，這樣的新事業注定失敗。疼痛程度三～四分的商品，疼痛程度只會令消費者覺得「有閒有空才會買，沒有也不會怎麼樣」。

總而言之，**很多事業計畫的疼痛程度，都只到「有也不錯（nice to have）」**。

例如，最近有很多人拿了兒童飲食營養教育的事業計畫來諮詢。

我看過之後，發現這些事業確實是具備社會意義的優良事業，但當我問他們「你覺得以疼痛程度來講，大概幾分？」，當事人都回答「二分吧」。

這樣是很難讓事業永續經營下去的。

正因為事業具備社會意義，因此如果無法持續提供服務將會非常可惜，難以對社會有所貢獻。

我並不是說「兒童飲食營養教育」這個領域不好，希望你不要誤會。

我只是希望你能在研擬計畫的階段，就注意到事業的成功機率。

同樣是以兒童飲食營養為核心的事業，只要用心找到市場，也能提高疼痛程度。

近來，由於越來越多兒童有食物過敏的問題，因此如果企業推出能輕鬆管理幼童飲食內容的APP，這種事業的疼痛程度就會升高。或者，如果能針對有預算但沒有經驗和人力推廣飲食教育的地方政府，推出特定的飲食教育課程，也能提高事業的疼痛程度。

無論如何，很重要的一點是想一想「你的事業疼痛程度有幾分？」，如果分數很低，就思考缺了什麼要素。

這麼一來就能擬定實際的策略，讓原本只達到令消費者覺得「有也不錯」的虛幻想法，轉變可行的事業計畫。

◎是否存在著「首位顧客」？

當你開始發展新事業，很重要的一點是想辦法得到「首位顧客」。

在沒有實績和知名度的階段，如果有人表示「絕對會買」的話，代表還有為數眾多的潛在顧客。

正確來講，**「在發展新事業之前，能否獲得首位顧客」是勝負關鍵**。

如果在研擬事業計畫的階段，就能獲得第一位顧客，等於服務一推出就贏在起跑點。

那麼，誰會說「絕對買」？那就是「疼痛程度十分」的人。

就像痛苦難耐的蛀牙患者一樣，「多貴我都買」的人，將會是你的首位顧客。

我之所以會創辦TORAIZ，也是因為找到了疼痛程度十分的第一位顧客。

我根據自身經驗寫了敝著《工作忙又沒海外經驗，只花一年就練好英文》（如何出版社），這本書出版的時候，有一位知名企業的總經理拿著這本書來找我。

詢問過後，才知道他完全不會說英文，但因為工作需求，碰到越來越多須要用英文的場合，因此他對此相當煩惱。並且，他說「主管、同事、屬下、客戶，除了我之外大家英文都很溜，再這樣下去可能會被公司炒魷魚。所以，請你用這本書所教的方法，讓我在一年內學會英文」。

這完全就是疼痛程度十分的狀態。

當時的我相信，「只要有一位顧客主動上門，就代表這個服務有很多潛在顧客」。因此，我創辦了「一年內學好英文的教育支援課程」。

在研擬事業計畫的階段，若已經有第一位顧客存在，我們就可以向這位顧客問清楚他的問題和對服務的期待等。這麼一來，就能打造能滿足顧客和市場需求的事業內容。

我的顧客是自己找上門的，但就算不是這樣，你也可以找出有可能成為你第一位顧客的人。在研擬事業計畫的階段，不可能完全沒有鎖定顧客族群，因此你可以多多與屬性和條件類似目標客群的人互動。

這麼做的同時，也能檢視自己的事業是否屬於「疼痛程度十分」的事業。

如果你向目標客群介紹自己的事業計畫，但他們卻不感興趣的話，就表示這是疼痛程度低的事業。遇到這種情況，你必須重新擬定計畫。

第一位顧客不應在創業後才獲得，而是創業前就必須存在。也就是說，東西先賣出去，事業才算起跑——這就是新事業成功的秘訣。

◎有試算過市場規模嗎？

了解事業的市場規模也相當重要。

不過，「孫正義流」的創業模式，基本上是投入還沒有人開始做的領域，因此幾乎沒有資料讓我們知道是否有市場或者還剩多少成長空間（擴大規模）。

那麼，該怎麼做？那就是只能**利用相關領域具有價值的數據去試算、推算**。

我試算TORAIZ市場規模的過程，或許是一個值得參考的具體例子。

我在第二五三頁提到，TORAIZ是從「成人英語補習班的市場」中，鎖定「一對一英語對話市場」。由於是我自己建立的新領域，因此完全沒有與該市場相關的數據可以參考。

雖然我前面已經介紹過大略的試算過程，不過我想再重新整理出順序加強大家的印象。

（1）蒐集既有市場的數據做為試算基礎

先採用既有市場的數據做為試算基礎。以這樣來講，TORAIZ的既有市場是「成人外語補習班市場」。

就市場規模這部分，只要到政府官網或是調中心查詢公開的統計資料和報告，就可以找到自己想要的數據資料。

我創辦TORAIZ的時候，是利用矢野經濟研究所的報告「各外語學習市場領域市場規模」，蒐集「成人外語補習班市場」的數據。矢野經濟研究所提供三〇〇個領域的市場數據，因此有需要的人可以先從他們那裡找看看有沒有自己需要的資料。

（2）利用「費米推論法」估算新市場的規模

雖然既有事業有實際的數據可參考，但全新市場「一對一英語對話市場」，並不存在任何相關數據。

因此，我們要用費米推論法（Fermi estimate）去估算市場規模。

估算需要可供參考的數據。

因此，我們要找出其他行業或業種，有什麼事業與自己的事業擁有類似的商業模式，並進行調查。TORAIZ是參考RIZAP，請你也找一找有沒有與自己的事業有共通點的事業。

找到可參考的企業後，調查這間公司的營業額，計算他們的市占率。

RIZAP在健身市場的市占率大概為五%。因此，我假設TORAIZ這樣的一對一英語對話事業，也占「成人外語補習班市場」的五%。

這樣就能推算出「二〇〇〇億日圓×五%＝一〇〇億日圓」左右的市場規模。

（3）假設競爭公司的文在，推算你的事業的營業額規模

算出市場規模後，假設在其他競爭公司存在的狀況下，推算比較符合實際的營業額規模。

由於孫正義流的創業鐵則是「迅速攻下第一名寶座」，因此你可以有獨占一〇〇%的野心，但實際上當新市場形成，一定會有其他競爭者出現。而且，第一名的企業越成功，就會有越多人認為「這個市場好像很賺錢」而開始複製相同的商業模式。

實際上，自TORAIZ創業的二〇一五年至後來的兩年間，TORAIZ在一對一英語對話市場幾乎沒什麼競爭者，但現在提供相同服務的公司已經超過十家公司。其中，甚至出現其他公司直接抄襲TORAIZ創業廣告標語的亂象。

當然，並不是所有公司都能成功創業，有些公司會逐漸被市場淘汰，但是無論如何，**你必須假設競爭者的存在，推估比較符合實際的數字。**

就TORAIZ來看，我們推估「一對一英語對話市場」有約一〇〇億日圓的市場規模，因此假設競爭者的出現讓TORAIZ的市占率變成五成，那營業額規模就大概是五〇億日圓。

按照上述的順序，就能算出市場規模和自己的事業規模。

你必須掌握這些數字才能籌備到資金。因為數據是最能對出資者展現事業未來性的東西。

另外，目前「一對一英語對話市場」的市場規模約五〇億日圓，主要的服務提供者為包含TORAIZ在內的三家公司。由於新市場形成不過四年就達到這個數字，而且年年成長中，因此我認為當初推估的一〇〇億日圓也勢在必得。

即使是全新的市場，只要參考相關數據進行推算，就能算出高準確率的數字。

◎是否處於「產品生命周期」的導入期？

「產品生命周期（Product Life Cycle）是指新產品或服務從進入市場到被市場淘汰的整個過程。

產品和服務一定會有壽命。而且，從推出至退出市場的周期，只會越來越短。因此，思考新事業所販售的產品和服務壽命還剩多久非常重要。

一般而言，產品生命周期包括「導入期」、「成長期」、「成熟期」和「衰退期」四個周期。而需求和價格會隨著各階段改變。

導入期：新產品剛上市時，知名度不高，雖然需求低，但價格高。
成長期：當知名度提升，需求就會暴增。因此會有越來越多競爭者加入，導致價格變低。
成熟期：雖然需求達到飽和，但由於有更多競爭者投入市場，因此競爭白熱化，導致價格再下滑。
衰退期：需求減少，業者逐漸退出市場。因此價格稍微回漲。

從結論來講，如果要開始從事新事業，就應該確認自己販售的產品或服務正值「導入期」。

這個方法不僅最能延長產品壽命，更因為導入期沒有其他的競爭者，因此有助於通吃市場，而且就算價格貴，使用者也照買單不誤，因此賺錢效率比較高。

想實現「迅速攻下第一名寶座」，從導入期開始做起可說是必須條件。

而這也關係到是否找出了「成長中的市場」。

如果TORAIZ投入既有的市場「成人外語補習班」，那麼這項產品已經進入了成熟期。需求飽和但競爭激烈，價格也會慢慢下跌。投入處於成熟期的市場，沒有任何好處。

不過，我們創立了「一對一英語對話教育」這個全新的產品，讓TORAIZ從導入期誕生。就算我前面說過的，創業後的二年間完全沒有競爭者，因此鞏固了TORAIZ的第一地位。

如果投入成長期的市場，雖然使用者需求暴增，可以樂觀預測營業額，但是價格卻會開始下滑。

TORAIZ的「一對一英語對話教育」產品，現在已邁入成長期，就像我前面提過的，目前有十家以上的公司在經營這個市場。雖然TORAIZ有龍頭的優勢，但在價格開始下滑的階段才投入這個市場的企業，應該要很拚才能存活。

就像這樣，找出「成長中的市場」和成為該市場的龍頭，與「產品生命周期」息息相關。

請千萬不要投入「成熟期」或「衰退期」的市場。

◎單價和服務內容是否能降低使用者的風險？

我提醒過多次，推出新產品和服務時，必須減輕消費者的心理障礙。

很多人對於沒接觸過的東西，會產生各種不安和疑惑，例如「不知道怎麼用」、「看起來很複雜」、「真的好用嗎？」等等。

也就是說，由於消費者會覺得有風險，而猶豫要不要購買或使用。

因此，價格和服務內容能降低使用者的風險非常重要。

當然，也有喜歡嘗鮮，一看到新產品就想用用看的人，不過這種人整體來講是少數。

社會學家埃弗雷特・羅傑斯（Everett Rogers）的創新擴散理論（Diffusion of Innovation Theory）指出，在所有購買產品的消費者中，會採用新產品的「創新者」只占整體市場的二・五％。

對流行敏銳，會主動蒐集資訊、判斷是否購買的「早期採用者」（early adapoters）也只占整體的一三・五％，其餘都是對新產品的採用較謹慎、有疑慮的人。

創新者和早期採用者加起來也不過整體的一六％，因此會積極採用新產品的人並不多。

美國行銷顧問傑弗瑞・摩爾（Geoffrey A. Moore）所提倡的「鴻溝理論」表示，積極派與謹慎懷疑派之間有一道難以跨越的鴻溝（Chasm）。

如果無法跨越鴻溝，會選擇該項產品和服務的人，就剩下部分狂熱者和好奇心強的人，並且商品會逐漸從市場消失。

因此，孫總裁非常注重單價和服務內容，能否立刻讓消費者跨越鴻溝。

Yahoo! BB推出「數據機二個月免費用活動」，以及Yahoo! 拍賣免手續費的活動，都是為了讓消費者可以跨越鴻溝。

由於免付費，因此消費者可以在零風險的狀況下試用。原本擔心「產品真的好嗎？」、「用了之後如果發生問題就糟了」的使用者，用過產品後也能消除這樣的擔憂和疑慮。

以Yahoo! BB來講，安裝費也是免費的。

熟悉網路的人，可以自行設定數據機，但一般人只會覺得「麻煩」、「靠自己真的可以設定成功嗎？」。因此，推出新服務時，除了減輕消費者的費用負擔之外，減少程序和省事也非常重要。

我剛推出TORAIZ的時候，也學習孫總裁設定了「上課後一個月內若不滿意課程，一個月內全額退費」的保障制度。

這也是為了降低使用者的風險和心理障礙。

如果你的新事業計畫沒有研擬降低使用者風險的策略，就必須重新檢討。

想法越新奇，就越要搭配「降低使用者心理障礙」的策略。

必勝法則❺

產品上市後，也要快速執行「查核→改善」的流程

我們不光要在研擬事業計畫的階段檢驗事業內容。實際創業後，每天都會發生預期外的狀況。因此，我們必須迅速執行「DPCA」，反覆檢驗和改善。

在檢驗的過程中，最重要的是徹底的「數值化思考」。這是指獲得實測值，根據數據進行檢驗。這是唯一能讓我們客觀檢討，而且不會做白工的方法。

透過數據化進行檢驗的方法很多，在這裡我將介紹三個有效且具代表性的方法。

方法① T字檢查法

這是改善每天工作作業的基本方法。

由於使用這個方法，**可以讓我們在工作流程卡住時，知道癥結點在哪裡**，因此可以迅速作出改善。

簡單來講，T字檢查法就是列出「進來的數字」和「出去的數字」，讓我們一看就知道「手邊剩下的數字」。

例如，T字檢查法可以用來管理庫存數量和文件處理，也很方便業務人員用來「將已約定拜訪的客戶和實際下單的客戶數量數據化」。

基本作法如下。

在T字檢查法中，基本上左邊記下「進來」的數字，右邊是「出去」的數字。

例如，管理使用者申請書的時候，左邊記下「早上的申請書件數」和「當天新收到的申請書件數」。然後，右邊記下「正常處理完畢的件數」和「有填寫遺漏、無法處理的件數」和「未處理的件數」。

■利用T字檢查法找出癥結點

例 使用者申請書的處理流程

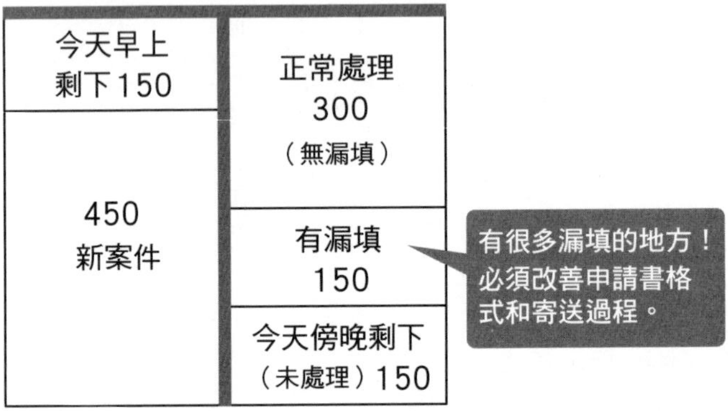

左右件數的總和必須一致。

每天這樣記錄，就能立刻找出問題，知道「文件處理速度緩慢的原因，在於漏填的部分很多」。

因此，我們就會想到解決辦法，知道「為了預防使用者漏填資料，應該改變申請書的格式」。

這個讓工作數據化的方法很簡單，效率卻極高，請用來「檢驗↓改善」每天的工作作業。

方法② Google分析（Google Analytics，GA）

Google Analytics（GA）是Google提供的存取分析工具。雖然也有付費版本，但基本上多數功能皆可免費使用。

在平台的時代，企業大多透過網站與顧客進行接觸。因此，我們必須透過網站這個接觸點，分析使用者的行為。

TORAIZ當然也會利用GA進行分析，每天進行檢驗和改善。雖然GA可以計算很多數字，但我最重視以及最常用的功能有下列三個。

● 新訪客率

GA可以分析工作階段（Session）。簡單來講，這是指「網站的訪客人數」。由於GA規定「相同用戶逾時超過三十分鐘再開啟網站的話，將會以另一個新的工作階段計算」，因此正確來講，工作階段應該說是「訪客進到網站至離開網站期間的所有行為」。

工作階段可以顯示「新訪客」和「舊訪客」。二年內造訪同一個網站，會被視為舊訪客而非新訪客。

在這裡我看重的是「新訪客率」。我會注意在**「新訪客＋舊訪客」當中，新訪客占了幾成。**

「選購品」（shopping goods）和「便利品」（convenience goods）是以前的行銷學用語。「選購品」是指像車子、鋼琴這種昂貴、一輩子中不常購買的商品。而「便利品」是指清潔劑、化妝這類會持續且頻繁購買的產品。

其中，高新客率對於選購品而言相當重要。

由於很少人會一直買這類商品，因此如果沒有新顧客，生意就很難做下去。

而TORAIZ屬於這兩種商品當中的「選購品」。因為TORAIZ的學費高於一般的英語會話補習班，而且學生只要來這裡學好英文，通常就不會繼續上課。

這就是為什麼我每天都會檢查新客率。

反之，如果是「便利品」，就要重視「舊客率」。

有專門針對新顧客廣告媒體，也有專門吸引顧客回購的廣告內容。因此，請依照你的事業特質，採取適當的改善方法。

TORAIZ是利用再行銷（Retargeting）廣告，接觸曾經造訪過TORAIZ網站的人。

因為對TORAIZ有興趣而瀏覽網站的人，很有可能成為新學員，因此我們增加了與這些人的接觸次數。

持續檢視新客率和回訪率，才能讓你配合你的商品和服務的特性進行銷售。

●客層

客層分析也是必要的。

GA可以分析網站訪客的所在地區和年齡。檢閱這些數據，我就可以掌握轉換率（Conversion Rate），了解「各種屬性的人真正申請加入TORAIZ會員的機率有多少」，以及用這些數據來判斷「要花多少客戶獲取成本在每個目標客群上」。TORAIZ的主要客層落在三十幾歲，但也不能只將客戶獲取成本花在這個族群上。

如果目標客群太小，就可能會拉低顧客人數。由於四十幾歲和二十幾歲的客層，也會有人對TORAIZ的服務有興趣，因此也必須思考是否要針對這些客層投放廣告。

然而，如果目標客群太大，就可能浪費客戶獲取成本，導致獲取效率變差。因為找到正確的客層，每位顧客的獲取成本或許落在一萬日圓，但不對的客層，可能會導致獲取成本增加至一萬五〇〇〇日圓、二萬日圓。

同時，也會徒增作業流程的空轉。由於要花心力與不適當的客層溝通，因此會多出不必要的作業和流程，拉低工作效率。而且，如果增加的是購買率低的客層，也只是白費力氣，無法對營業額有所貢獻，是效率極差的狀況。

因此，**「設定目標客群的界線」非常重要。**

要判斷這一點，必須透過數據取得新客戶和客戶獲取成本的平衡，並且及時決目標客群的優先順序。

這兩個數字通常背道而馳。顧客人數增加，每位顧客的獲取成本也會跟著上升。

我們只能靠反覆測試，去抓出理想客層範圍。由於不可能一開始就得到答案，因此必須自行透過ＧＡ持續用數字驗證，快速執行「ＤＰＣＡ」，找出「最理想的分配」。

另外，分析使用者的地理區域，也有助於擬定擴店計畫。

TORAIZ將學習中心設置在東京和大阪，而有計畫擴點展店時，就會用區域分析來判斷「該優先在都市A或都市B擴點？」。

看數據就能看出很多端倪，例如沒有刊登廣告的地區，造訪者竟然出乎意料地多，或者原本以為會有很多潛在顧客的大都會，其實造訪次數很少等。

由於展店勢必會增加固定費用，因此找對擴點地區非常重要。GA作為強而有力的輔助工具，可以有效讓我們做出對的經營判斷。

●AB測試

AB測試是準備兩種版本的網站文案和設計，看看哪一種的效果比較好。

例如，準備兩款橫幅廣告，在特定期間隨機投放，計算點擊率和轉換率。從結果去判斷哪一款橫幅廣告的效果比較好。

雖然也有專業的工具可以進行AB測試，但GA也提供簡單的AB測試服務。

使用者只要準備比較用的網頁版本，到GA的「網頁測試」畫面輸入必要資訊即可。

ＡＢ測試的優勢在於，**可以用數字迅速找出答案，取代過去憑個人感覺判斷廣告素材優劣。**

過去，幾乎都是由負責人員依照自己的喜好和感覺，決定「以紅色或黃色為設計的基調」。或者，浪費時間討論「紅色可以，但黃色好像也不錯」，遲遲無法下決定而延誤工作進度。

只要利用ＡＢ測試，就能知道使用者偏好哪一種顏色，而且用數據做出正確判斷。

我後來聽說，Google也是用ＧＡ來決定網站的樣式。無論是網站的設計或配色，都不是經過設計師之手，而是利用數據分析由機器挑選。

大概是因為這麼做最有效率吧。

當你不知道「選哪個好？」的時候，不必煩惱，用ＡＢ測試讓使用者自己決定才是上策。

以上是我平常用來檢驗數據的工具。

我之所以推薦ＧＡ，是因為不外包這項工作，親自掌握數據非常重要。

日本企業通常喜歡將網站的廣告和行銷公司全部外包，不過，這麼做很可能掌握不到真正需要的數字。

驗證數據時，不只要看「來訪次數」，還要掌握整體的使用者流程。

如果將造訪網站當作是入口，做生意最終的目標就是讓使用者付費購買商品。

因此，從整體的使用者流程中，掌握客戶獲取數和獲取成本的平衡，降低「花了錢卻無法獲得客戶」的狀況，才是企業致勝的關鍵。

所以，光瀏覽外包公司提供的數據是不夠的。企業必須掌握後續流程的所有數據，讓整體流程達到最佳狀態。

況且，在現在這個時代，光是分析你自己公司的網站也不夠。

瀏覽你的網站的使用者，也會上評比網站和評論網站，蒐集商品或服務的資訊。現在幾乎所有日本人決定中午要到哪間餐廳吃飯時，都會上「Tabelog」找美食。

所以，只要評價差，就算餐廳的網站瀏覽人數很高，也無法衝高轉換率。

在這個時代，資訊並非單向流動。企業並不是狂打電視和平面廣告，單方面提供消費者訊息。

所有資訊不斷聚集在網路世界中，人人都可以提供新資訊至這個渦流中，也能由此接收資訊。因此，企業**不只要分析自己的網站，還必須知道商品或服務的資訊，在網站上的整體流動方式，以及誰接觸了資訊。**

為了達到這個目的，企業必須自行掌握所需數據，而不是把數據分析的工作外包就算了。

現在市面上有很多像GA一樣的數據分析工具。妥善運用這些工作，是在這個時代提高事業成功機率的必要條件。

方法③ 淨推薦分數

淨推薦分數NPS（Net Promoter Score）是將顧客忠誠度轉換為分數的指標。由於可以將「對顧客和品牌的喜愛」數據化，因此與傳統的顧客滿意度調查一樣，都是備受矚度的指標。

調查NPS的時候，要詢問顧客「你向朋友或家人推薦這項產品或服務的可能性有多大？」，請他們從零～十分這十一個等級去評分。

將顧客的評分分類，零分～六分為「批評者」、七分與八分為「中立者」、九分和十分為「推薦者」。

並且，將「推薦者」占比減去「批評者」占比所得到的數字即NPS。例如，推薦者為五〇％、批評者為三〇％，則NPS為二〇。

NPS與傳統顧客滿意度最大的差別在於，NPS將「向他人推薦」的行為轉換為數據。

在顧客滿意度調查中，當顧客被問到「對這項產品滿意嗎？」，只要不是極度厭惡的人，都會回答「還算滿意」。因此，常常發生滿意度高，但「回購率低」的背離狀況。

而「推薦給朋友和家人」並不是可以隨便做的行為。一定要有一定的信心，喜歡一項產品或服務到一定的程度，才能推薦給身邊的人說「這個服務很棒！」。

所以，NPS分數高的顧客，忠誠度較高，推薦產品或服務以及回購的機率也比較高。因此，NPS是一個與營收和收益性息息相關的指標，可妥善運用。

當然，傳統的顧客滿意度調查也是有效的驗證數據。進行滿意度調查時，我建議提供顧客五個選項。因為四個選項容易偏向「好」或「壞」的某一邊。

例如，假設一家餐廳在進行調查，請顧客從「難吃」、「有點難吃」、「滿好吃」、「好吃」這四個選項中做選擇，由於沒有中間選項，所以答案一定會偏向「難吃／有點難吃」或「滿好吃／好吃」的某一邊。而且，由於大部分消費者不會直接說「難吃」，因此就算他們認為「不算好吃」，也通常會選擇「滿好吃」。

這麼一來，消費者的實際感受就會和調查結果產生落差。

如果是透過五個選項進行調查，雖然有人會認為「多數會選擇『第三』的中間選項」，但是，世上所有事情基本上都是呈常態分布，因此做任何調查時，通常都是中間的數值占絕大多數。

相較於在四個選項中第「三」選項回答最多的情況，五個選項中回答「三」的人最多，算是較無偏頗的結果。

並且，使用者習慣到「Tabelog」等網站搜尋美食，也是我建議使用五選項評分的理由。由於消費者心裡有比較基準，知道「五選項評分的『四』大概是什麼程

■什麼是NPS®（Net Promoter Score）？

（這是由貝恩策略顧問（Bain & Company）的佛瑞德・賴克霍德（Fred Reichheld）（顧客忠誠度、行銷界權威）所提倡，用來測量顧客忠誠度的指標。）

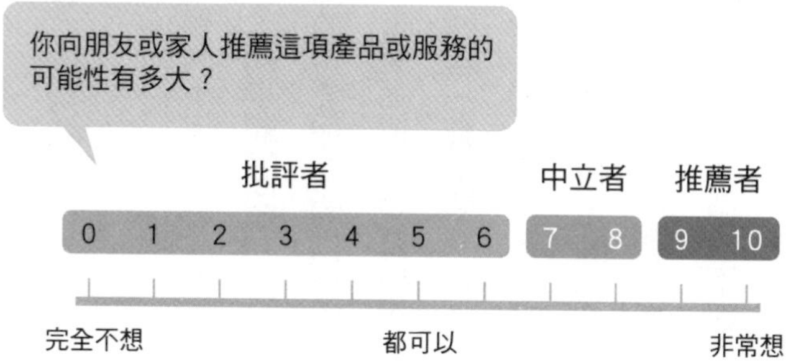

問消費者「你向朋友或家人推薦這項產品或服務的可能性有多大？」，請他們從0~10分這11個等級去評分。將顧客的評分分類，0分～6分為「批評者」、7分與8分為「中立者」、9分和10分為「推薦者」。

將「推薦者」占比減去「批評者」占比所得到的數字即NPS。例如，總共有20名評論者，其中推薦者為12人（60%）、批評者為6人（30%），則NPS為30。

度」，因此可以「參照Tabelog的基準」來判斷。

先讓使用者進行五個選項的評分後，繼續提出更具體的問題，就能更精準的掌握顧客滿意度。

最有效的問題是跟NPS一樣，問顧客「你向朋友或家人推薦這項產品或服務的可能性有多大？」。如果顧客回答「不會想推薦」的話，再詳問原因。

在網路時代，由於可靠朋友的口碑介紹是最強的宣傳工具，因此企業必須思考如何讓更多人「想要把產品或服務推薦出去」。

因此，無問顧客回答「會推薦」或「不會推薦」，詢問並分析原因都很重要。

在這一章，我介紹了創立新事業的必勝法則。

及早端出各種點子，藉由他人的協助研擬事業計畫，擬定成長策略並驗證完畢後，盡早推出服務，並反覆進行驗證→改善。

軟銀自創業以來，用這一套循環不斷催生出「必勝事業」。

我希望日本企業能基於這套必勝法則，發展出更多新事業。

結語——商機無所不在

「低成長不可怕！」

用一句話來表達我在這本書想要講的話，就是這樣。

日本的確處於低成長的階段中。日本的GDP成長率在正負一％之間游移。

然而，就像本書所說的，地球上到處都存在著成長的領域。

你可以開創成長的新領域，也可以進軍海外市場。沒有人規定你一定要「待在既有市場廝殺」或「日本企業必須留在日本創業」。

當你丟掉這類舊常識，就會看到新商機。

光是日本國內，社會中就充斥著大量的「不合理、浪費、不均」。

「為什麼這麼麻煩？」

「想要快點拿到手。」

「竟然要把還能用的東西丟掉，好浪費。」

我們每天的日常生活中，一定都充滿這種多到數不完的「不合理、浪費、不均」。

如果把這些平常不太留意的不滿一一整理出來，一定可以產生很多新事業的想法。

只要改變意識，就能做到這一點。**將視野從「公司」轉移到「社會」，眼前就會出現截然不同的景象。**

在這個時代各種平台紛紛登場，整體環境有助於我們展開新事業。

只要有想法，就能吸引經營事業所必需的眾多「人力、物力、資金、資訊」。

就算公司小、知名度不高或缺乏實績，人人都有機會創業。

一想到這裡，不覺得未來似錦嗎？

「因為經濟處於低成長狀態，所以未來一片黯淡無光」不過是你的偏見罷了。

未來是明媚或晦暗，最終還是由你主導。

希望本書可以催生出更多充滿朝氣的新創企業，也能使大企業開創嶄新的新事業。

願本書可以為大家的公司、事業以及全日本注入活力。

二〇一九年七月

三木雄信

國家圖書館出版品預行編目資料

SQM 商業新思維：開發新產品、創立新事業的必勝心法 / 三木雄信著；楊毓瑩譯. -- 初版. -- 臺北市：商周出版：家庭傳媒城邦分公司發行, 2020.11
面； 公分
譯自：：SQM 思考：ソフトバンクで孫社長に学んだ「脱製造業」時代のビジネス必勝法則
ISBN 978-986-477-949-9（平裝）
1. 企業經營 2. 商業管理 3. 品質管理
494.1 109016485

BW0755

SQM商業新思維：開發新產品、創立新事業的必勝心法

原 書 名／SQM思考
作 者／三木雄信
譯 者／楊毓瑩
企劃選書／陳美靜
責任編輯／劉芸
版 權／黃淑敏、翁靜如、吳亭儀、邱珮芸
行銷業務／黃崇華、周佑潔、王瑜

總 編 輯／陳美靜
總 經 理／彭之琬
事業群總經理／黃淑貞
發 行 人／何飛鵬
法律顧問／台英國際商務法律事務所 羅明通律師
出 版／商周出版
台北市中山區民生東路二段141號4樓
電話：(02) 2500-7008 傳真：(02) 2500-7759
E-mail：bwp.service@cite.com.tw
Blog：http://bwp25007008.pixnet.net/blog
發 行／英屬蓋曼群島商家庭傳媒股份有限公司城邦分公司
台北市中山區民生東路二段141號2樓
書虫客服服務專線：(02)2500-7718・(02)2500-7719
24小時傳真服務：(02)2500-1990・(02)2500-1991
服務時間：週一至週五09:30-12:00・13:30-17:00
郵撥帳號：19863813 戶名：書虫股份有限公司
讀者服務信箱E-mail：service@readingclub.com.tw
歡迎光臨城邦讀書花園 網址：www.cite.com.tw
香港發行所／城邦（香港）出版集團有限公司
香港灣仔駱克道193號東超商業中心1樓
Email：hkcite@biznetvigator.com
電話：(852)2508-6231 傳真：(852)2578-9337
馬新發行所／城邦(馬新)出版集團【Cite (M) Sdn. Bhd.】
41, Jalan Radin Anum, Bandar Baru Sri Petaling,
57000 Kuala Lumpur, Malaysia
電話：(603)90578822 傳真：(603)90576622
Email：cite@cite.com.my
商周出版部落格／http://bwp25007008.pixnet.net/blog
行政院新聞局北市業字第913號

封面設計／黃宏穎 內頁設計排版／唯翔工作室
印 刷／韋懋實業有限公司
總 經 銷／聯合發行股份有限公司 電話：(02) 2917-8022 傳真：(02) 2911-0053
地址：新北市新店區寶橋路235巷6弄6號2樓

■ 2020年11月12日初版1刷

Printed in Taiwan

定價／370元

ISBN：978-986-477-949-9